格致方法·定量研究系列 吴晓刚 主编

非参数回归:平滑散点图

[加] 约翰·福克斯(John Fox) 著

王 骁 译 洪岩璧 校

SAGE Publications ,Inc.

格致出版社 上海人民出版社

出版说明

　　由香港科技大学社会科学部吴晓刚教授主编的"格致方法·定量研究系列"丛书,精选了世界著名的 SAGE 出版社定量社会科学研究丛书,翻译成中文,起初集结成八册,于 2011 年出版。这套丛书自出版以来,受到广大读者特别是年轻一代社会科学工作者的热烈欢迎。为了给广大读者提供更多的方便和选择,该丛书经过修订和校正,于 2012 年以单行本的形式再次出版发行,共 37 本。我们衷心感谢广大读者的支持和建议。

　　随着与 SAGE 出版社合作的进一步深化,我们又从丛书中精选了三十多个品种,译成中文,以飨读者。丛书新增品种涵盖了更多的定量研究方法。我们希望本丛书单行本的继续出版能为推动国内社会科学定量研究的教学和研究作出一点贡献。

总　序

2003 年，我赴港工作，在香港科技大学社会科学部教授研究生的两门核心定量方法课程。香港科技大学社会科学部自创建以来，非常重视社会科学研究方法论的训练。我开设的第一门课"社会科学里的统计学"（Statistics for Social Science）为所有研究型硕士生和博士生的必修课，而第二门课"社会科学中的定量分析"为博士生的必修课（事实上，大部分硕士生在修完第一门课后都会继续选修第二门课）。我在讲授这两门课的时候，根据社会科学研究生的数理基础比较薄弱的特点，尽量避免复杂的数学公式推导，而用具体的例子，结合语言和图形，帮助学生理解统计的基本概念和模型。课程的重点放在如何应用定量分析模型研究社会实际问题上，即社会研究者主要为定量统计方法的"消费者"而非"生产者"。作为"消费者"，学完这些课程后，我们一方面能够读懂、欣赏和评价别人在同行评议的刊物上发表的定量研究的文章；另一方面，也能在自己的研究中运用这些成熟的方法论技术。

上述两门课的内容，尽管在线性回归模型的内容上有少量重复，但各有侧重。"社会科学里的统计学"从介绍最基本的社会研究方法论和统计学原理开始，到多元线性回归模型结束，内容涵盖了描述性统计的基本方法、统计推论的原理、假设检验、列联表分析、方差和协方差分析、简单线性回归模型、多元线性回归模型，以及线性回归模型的假设和模型诊断。"社会科学中的定量分析"则介绍在经典线性回归模型的假设不成立的情况下的一些模型和方法，将重点放在因变量为定类数据的分析模型上，包括两分类的 logistic 回归模型、多分类 logistic 回归模型、定序 logistic 回归模型、条件 logistic 回归模型、多维列联表的对数线性和对数乘积模型、有关删节数据的模型、纵贯数据的分析模型，包括追踪研究和事件史的分析方法。这些模型在社会科学研究中有着更加广泛的应用。

修读过这些课程的香港科技大学的研究生，一直鼓励和支持我将两门课的讲稿结集出版，并帮助我将原来的英文课程讲稿译成了中文。但是，由于种种原因，这两本书拖了多年还没有完成。世界著名的出版社 SAGE 的"定量社会科学研究"丛书闻名遐迩，每本书都写得通俗易懂，与我的教学理念是相通的。当格致出版社向我提出从这套丛书中精选一批翻译，以飨中文读者时，我非常支持这个想法，因为这从某种程度上弥补了我的教科书未能出版的遗憾。

翻译是一件吃力不讨好的事。不但要有对中英文两种语言的精准把握能力，还要有对实质内容有较深的理解能力，而这套丛书涵盖的又恰恰是社会科学中技术性非常强的内容，只有语言能力是远远不能胜任的。在短短的一年时间里，我们组织了来自中国内地及香港、台湾地区的二十几位研究生参与了这项工程，他们当时大部分是香港科技大学的硕士和博士研究生，受过严格的社会科学统计方法的训练，也有来自美国等地对定量研究感兴趣的博士研究生。他们是香港科技大学社会科学部博士研究生蒋勤、李骏、盛智明、叶华、张卓妮、郑冰岛，硕士研究生贺光烨、李兰、林毓玲、肖东亮、辛济云、於嘉、余珊珊，应用社会经济研究中心研究员李俊秀；香港大学教育学院博士研究生洪岩璧；北京大学社会学系博士研究生李丁、赵亮员；中国人民大学人口学系讲师巫锡炜；中国台湾"中央"研究院社会学所助理研究员林宗弘；南京师范大学心理学系副教授陈陈；美国北卡罗来纳大学教堂山分校社会学系博士候选人姜念涛；美国加州大学洛杉矶分校社会学系博士研究生宋曦；哈佛大学社会学系博士研究生郭茂灿和周韵。

参与这项工作的许多译者目前都已经毕业，大多成为中国内地以及香港、台湾等地区高校和研究机构定量社会科学方法教学和研究的骨干。不少译者反映，翻译工作本身也是他们学习相关定量方法的有效途径。鉴于此，当格致出版社和 SAGE 出版社决定在"格致方法·定量研究系列"丛书中推出另外一批新品种时，香港科技大学社会科学部的研究生仍然是主要力量。特别值得一提的是，香港科技大学应用社会经济研究中心与上海大学社会学院自 2012 年夏季开始，在上海（夏季）和广州南沙（冬季）联合举办《应用社会科学研究方法研修班》，至今已经成功举办三届。研修课程设计体现"化整为零、循序渐进、中文教学、学以致用"的方针，吸引了一大批有志于从事定量社会科学研究的博士生和青年学者。他们中的不少人也参与了翻译和校对的工作。他们在繁忙的学习和研究之余，历经近两年的时间，完成了三十多本新书的翻译任务，使得"格致方法·定量研究系列"丛书更加丰富和完善。他们是：东南大学社会学系副教授洪岩璧，香港科技大学社会科学部博士研究生贺光烨、李忠路、王佳、王彦蓉、许多多，硕士研究生范新光、缪佳、武玲蔚、臧晓露、曾东林，原硕士研究生李兰，密歇根大学社会学系博士研究生王骁，纽约大学社会学系博士研究生温芳琪，牛津大学社会学系研究生周穆之，上海大学社会学院博士研究生陈伟等。

　　陈伟、范新光、贺光烨、洪岩璧、李忠路、缪佳、王佳、武玲蔚、许多多、曾东林、周穆之，以及香港科技大学社会科学部硕士研究生陈佳莹，上海大学社会学院硕士研究生梁海祥还协助主编做了大量的审校工作。格致出版社编辑高璇不遗余力地推动本丛书的继续出版，并且在这个过程中表现出极大的耐心和高度的专业精神。对他们付出的劳动，我在此致以诚挚的谢意。当然，每本书因本身内容和译者的行文风格有所差异，校对未免挂一漏万，术语的标准译法方面还有很大的改进空间。我们欢迎广大读者提出建设性的批评和建议，以便再版时修订。

　　我们希望本丛书的持续出版，能为进一步提升国内社会科学定量教学和研究水平作出一点贡献。

吴晓刚

于香港九龙清水湾

目 录

序

在分析两个定量变量的关系时,我们要做的第一件事就是看一看散点图。这一视觉评估能够帮助我们判断函数形式。假设政治学家格温·格林(Gwen Greene)教授正用一个94国的样本研究国家的人口规模(x)和民选官员数(y)之间的关系。她的研究问题涉及变量相关关系是线性的还是其他什么形式?遗憾的是,散点图并不明确。她所看到的点云仅仅是一团缺乏清晰几何形状的点构成的云。对此,一个通常的回应是假定线性并使用最小二乘法(OLS)估计变量间的关系,但她知道这可能是个严重的错误。真正的关系可能是曲线型的,这意味着 OLS 结果会由于错误的模型设定而产生偏误。我们如何找到这条曲线?一种方法是从理论或前人研究中推导出来并对它建模,例如,或许我们需要估计一个二次方程。然而,设想一下在手头进行的研究中理论和前人研究可能会给出相互矛盾的建议。另一种方法就是通过系统性地探索数据来找到这条曲线(如果它的确存在)。后一种策略即引向福克斯教授在本书中所详细介绍的非参数简单回归技术。

非参数回归并不预设关于 x 和 y 的特定函数形式。恰恰相反，通过使用样本数据，它根据分组后的 x 值来计算不同 y 值的平均数。这些 y 值的平均数类似于被曲线连接的点被平滑为一条曲线。这条曲线可能呈现海浪状、蠕虫状或是其他不规则的形状，它表现出用一种更加精细的方式来描绘两个变量间的函数关系。如果散点图是通过这种方式被"平滑"的，那么通常所用的方法即局部加权回归的某个版本，后者通常被简称为"loess"。

由于对函数形式的搜索具有归纳性，很多曲线都是可能的。曲线的形状取决于"箱"(bin)定义、计算平均值的方法或是局部多项式回归的阶次。其他技术层面的问题则涉及核(kernel)估计、异常值的处理以及过度平滑(oversmoothing)。特别需要指出的是，如何确保曲线既不"太光滑"也不"太粗糙"，不但是一门"科学"更是一门"艺术"。一旦曲线被确定下来，我们就可以沿曲线周围构造置信包迹(confidence envelope)并进一步进行假设检验。

正如其名称所暗示的，非参数回归的一个缺点是它无法得到对回归参数的估计。然而，该方法对适当函数形式的识别有助于产生无偏参数估计的一般性的理论模型设定。举例而言，比如格林教授在国家人口(x)和民选官员(y)之间找到了一条 loess 平滑曲线，其中随着 x 的增加，y 增加的速度越来越慢。这一曲线暗示变量间的关系是对数的，且可以通过在 OLS 中的变换将 y 表达成 $\log x$ 的函数。因此，平滑操作有助于发现能被进一步检验的更深层次的函数形式。福克斯教授书中的最后一章讨论了非参数回归对建立理论的作用，他将一般性的非线性问题与非参数回归联系了起来。总而言之,这本心血之作继承了归纳科学令人尊敬的传统。它提醒我们,对数据深思熟虑的探索能够使我们获益匪浅。

迈克尔·S.刘易斯-贝克

第 1 章

什么是非参数回归？

回归分析通常是指用一个或几个预测变量(xs)的函数形式来描绘因变量(y)平均值的统计方法。假设有两个预测变量 x_1 和 x_2。这里把 y 基于预测变量的条件均值（也就是说，通过把预测变量限定在特定取值 x_1 和 x_2）记做 $\mu \mid x_1$,x_2，那么回归的主要目标就是通过样本来估计总体回归函数 $\mu \mid x_1$, $x_2 = f(x_1, x_2)$。同时，我们也可以在给定 xs 的情形下关注变量 y 条件分布的其他维度，例如 y 的中位数或者标准差。

正如通常所做的，回归分析假设 y 和 xs 之间存在线性关系，于是有

$$\mu \mid x_1, x_2 = f(x_1, x_2) = \alpha + \beta_1 x_1 + \beta_2 x_2$$

或者，等价地，

$$y = \alpha + \beta_1 x_1 + \beta_2 x_2 + \varepsilon$$

方程中误差项的均值为 0。我们通常也假设（至少是隐含地假设）除去均值之外，y 的条件分布在任何地方都相同，并且服从正态分布：

$$y \sim N(\alpha + \beta_1 x_1 + \beta_2 x_2, \sigma^2)$$

或者等价地，误差项服从具有相同方差的正态分布，$\varepsilon \sim$

$N(0, \sigma^2)$。最后，我们通常也假设观测值是被独立抽取的，因而 y_i 和 $y_{i'}$（或者等价地，ε_i 和 $\varepsilon_{i'}$）在 $i \neq i'$ 的条件下相互独立。

在这一整套假设满足的条件下就得到我们常用的线性最小二乘法回归。

上面列出的都是强假设，而且很多情况下会出错。例如，正如时间序列数据的典型案例，误差可能不是独立的，y 的条件方差（误差方差）也可能不相等，同时 y 的条件分布也可能不是正态分布而是重尾（heavy-tailed）或者倾斜的（skewed）分布。

非参数回归分析放松了线性假设，将其替换为平滑总体回归函数 $f(x_1, x_2)$ 所需的较弱的假设。放松线性假设的代价是需要更多的计算，以及在某些情形下的结果更难以理解。获益则是对回归函数更精确的估计。事实上，在一些实例中，盲目地使用线性假设会带来毫无意义的结果。

有些人可能会认为非参数回归显得"没理论"，从而反对在检验数据之前不给回归函数 $f(x_1, x_2)$ 指定函数形式的做法。我认为这种反对稍欠考虑：社会理论可能会告诉我们 y 取决于 x_1 和 x_2，但却很少告诉我们它们的关系是线性的。而有效的统计数据分析的必要条件正是要能精确地描述数据。

本书的主题是非参数简单回归。这种方法中仅有单一应变量 y 和单一预测变量 x，即 $y = f(x) + \varepsilon$。本书的姊妹篇讨论了广义非参数模型——例如，应变量是二分（有两个类别的）变量，以及非参数多元回归——含有多个预测变量。

一开始，非参数简单回归看起来可能会没什么用，因为大多数关于回归分析的有趣应用会涉及多个预测变量。然而，有两个原因能说明非参数简单回归的用途：

1. 非参数简单回归通常被称做散点图平滑，因为在典型的应用中，这一方法会在 y 关于 x 的散点图上绘出一条经过若干点的平滑曲线。散点图是（或者说应当是）统计数据分析和演示中随处可见的要素，它既被用来初步查看回归数据，也被用来考察回归分析诊断图（参见第 7 章）。

2. 非参数简单回归的延伸构成了非参数多元回归的基础，同时也提供了被称做可加回归（additive regression）这一特定类型的非参数多元回归的组成元素。

第 1 节 ┃ 初步举例

婴儿死亡率

如前所述,非参数回归的一个重要应用是散点图平滑。图 1.1(a)展示了世界上 193 个国家的婴儿死亡率(每 1 000 名活产儿中婴儿死亡数)和人均国内生产总值(GDP,美元)的关系。数据来源于联合国(1998),这个案例本身则是受到莱因哈特和沃瑟曼(Leinhardt & Wasserman,1978)的启发——他们根据 1970 年收集的数据绘制了相似的图表。图中的非参数回归线是通过一种叫做 lowess 的方法生成的。如同将在本书第 4 章第 4 节中所描述的,lowess(也被称做 loess)是局部多项式回归(local polynomial regression)的一种应用。它是最常用的非参数回归方法。

虽然婴儿死亡率会随着 GDP 下降,但这两个变量之间的关系却是高度非线性的:随着 GDP 的上升,婴儿死亡率开始下降得很快,进入较高的 GDP 水平后变得平坦。由于婴儿死亡率和 GDP 都是高度偏态的,数据的大部分集中于图表的左下角,使得这两个变量间的关系很难被识别。对数据的线性最小二乘拟合在描述这一关系上不尽如人意。

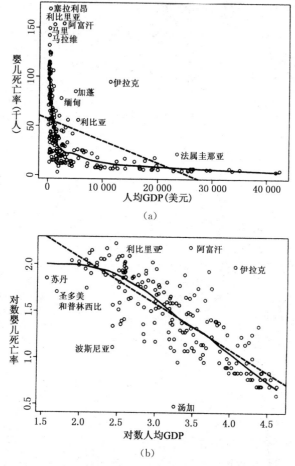

(a)

(b)

图 1.1 193 个国家的婴儿死亡率/千人和人均 GDP(美元)。图中直线显示了数据的最小二乘法拟合;曲线由局部线性非参数回归估计得到。图中标记了一些明显的异常值。数据在图(a)中使用了原始标尺,而在(b)中则使用了对数标尺。

在图 1.1(b)中,婴儿死亡率和 GDP 都经过了对数变换。现在这两个变量之间的关系看起来几乎是线性的。第 7 章讨论了通过数据变化来得到线性关系。

已婚妇女的劳动参与

广义非参数回归(在我的另一本正在刊印的著作中有所描述)是广义线性模型(McCullagh & Nelder，1989)的非参数类比。它在处理二分数据方面发挥了重要作用。图 1.2 展示了妇女劳动力参与和对数妇女预期(估计)工资率之间的关系。数据来源于 1976 年美国收入动态纵向调查，最初被用在姆罗茨(Mroz，1987)的文章中，随后伯恩特(Berndt，1991)对其运用了线性 logistic 回归并由朗(Long，1997)绘图揭示了这一方法。由于应变量是离散的，只有 2 个取值，我通过给每个纵坐标增加一个很小的随机值对图中的点进行了"震动"。如果不这样做，很多点就会因为重合在一起而使得图形显得不够充实。但即使经过震动，我们依然很难辨识

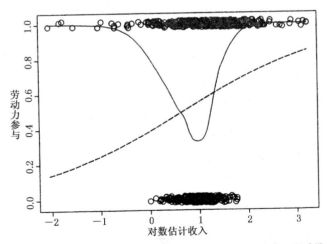

图 1.2　劳动力参与和对数估计收入的散点图。图中的点已通过纵向震动(vertically jitter)减少了过度重合。虚线代表线性 logistic 回归的拟合；实线展示了非参数 logistic 回归的拟合。

这两个变量之间的关系；图中的非参数 logistic 回归线显示了这一关系是曲线型的。同时出现在图中的线性 logistic 回归拟合具有误导性。[1]

加拿大的职业声望

布利申和麦克罗伯茨（Blishen & McRoberts，1976）报告了基于 1971 年人口普查，使用收入和教育水平对 102 个加拿大职业声望评价的多元回归结果。该回归的目的是给那些知道收入和教育水平但没有直接声望评分的职业生成声望分数的替代性预测值。图 1.3 展示了根据布利申的数据拟合可加非参数回归模型的结果。正如这一名称所暗示的，可加非参数回归模型假设 y 是一个可加的，但不一定是线性的关于预测值的函数，

$$y = \alpha + f_1(x_1) + f_2(x_2) + \varepsilon$$

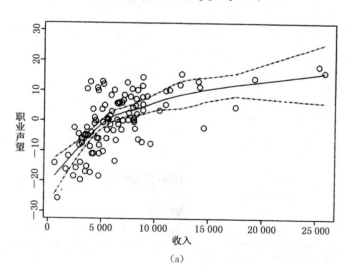

(a)

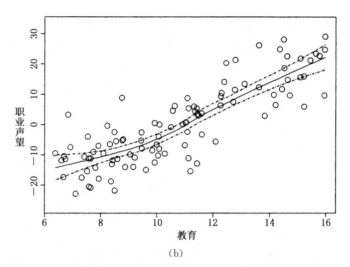

（b）

图 1.3 基于 **102** 个职业使用收入和教育水平对声望进行可加回归所得到的估计偏回归函数图。图中的点代表每个估计值的"偏残差"（参见第 **7**章）。虚线给出了 **95%** 的逐点置信包迹。

图 1.3 中的图表显示了关于收入 $\hat{f}_1$ 和教育 $\hat{f}_2$ 偏回归函数的估计结果。关于收入的函数明显是非线性的；关于教育的函数则有较强的线性。

第 2 节 | **本书的计划**

　　非参数回归在本质上是一个简单的想法,第 2 章描述了基于装箱法(binning)和局部平均化(local averaging)来解决回归中所遇到的问题的简单方法。

　　第 3 章将局部均值的想法延伸至局部加权均值,它被称做核估计值(kernel estimates)。

　　第 4 章将局部平均化推广为局部线性和多项式回归,它们是本书所要描述的核心方法。

　　第 5 章呈现了局部回归统计推断的近似方法。

　　第 6 章描述了非参数回归的一种替代方法——平滑样条(smoothing splines),并与核估计值和局部多项式估计值进行了比较。

　　第 7 章的主题是非参数回归在数据分析中的例行应用。

第 3 节 | 关于背景、方法和计算的注解

我假定读者熟悉线性最小二乘多元回归，并且他们已经接触过统计推断中的基本观点，包括模型估计中偏误和方差的概念。

我的目标是就非参数回归写一本通俗易懂的读物，同时不让它成为一笔流水账。为达到这一目标，我用星号标示出比较难的章节，这些章节用到了微积分和矩阵记号，或者会涉及相对复杂的论证过程。

本书并未对非参数回归这一方法进行面面俱到的讨论，而是将重点放在局部多项式回归上。尽管第 6 章也描述了平滑样条这一替代性方法，但局部多项式回归是一种广泛可行的常用方法。对于统计理论，本书仅进行非正式的介绍，用来阐释数据分析中非参数回归的原理和应用。

我希望通过本书理解非参数回归分析实用性的读者能够很自然地想要在他们的研究中运用这种方法。在本书写作之际，大多数主流统计软件都已包含散点图 lowess 平滑方法，但没有包含更一般性的和高阶的非参数回归方法，如在本书以及福克斯（Fox，刊印中）的其他书中所介绍的一些方法，包括统计推断方法。其中的一个例外是 S 统计计算环境，如在维纳布尔斯和里普利（Venables & Ripley，1997）

的书中所提到的，它具有非常强大的处理非参数回归的能力。S 的商业版本是 S-Plus，以及一个类似的免费软件的版本 R。关于更多计算方面的内容，以及本书中用到的数据和网络资源，可以在我的个人网页中找到——进入 Sage 的网站(http：//www.sagepub.com)搜索"John Fox"。我将会努力在我的网页上保持更新。

第**2**章

装箱法和局部平均化

　　假设预测变量 x 是离散的——即 x 只能取有限数目的分散的值。举个具体的例子,令 x 等于上个生日时的年龄,y 等于以美元为单位的收入。我们想要知道 y 的平均取值(或者是 y 分布的一些其他特征)如何随 x 变化,也就是说,我们想要知道在每一个 x 取值上的 $\mu | x$。如果数据是基于整个总体的,我们就可以直接计算总体条件均值。如果我们有一个很大的样本,那么仍然可以很轻松地实现我们的目标:只需要对每个年龄计算样本收入均值,$\bar{y} | x$;在一个非常

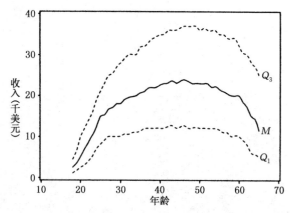

图 2.1　年龄对收入的简单非参数回归,数据来源于 1990 年美国 1% 的人口普查。用 M 标记的实线代表基于年龄的收入中位数;虚线 Q_1 和 Q_3 分别代表给定年龄的第 1、第 3 四分位收入的条件分布。

大的样本中，$\bar{y}\,|\,x$ 的估计值将会十分接近于总体均值 $\mu\,|\,x$。或者，我们可以给定年龄，关注收入分位数的条件分布，比如中位数和四分位数。

举例而言，图 2.1 显示了基于工资和薪水关于年龄函数的收入中位数和四分位数的分布。数据来源于美国 1990 年人口普查 1％公用微观数据样本，它总共包含 124 万个观测值。由于收入关于年龄的条件分布是右偏的（已删掉过高的收入），以及收入的条件方差不是常数，比起计算并画出相应的条件均值，绘制出分布的分位数会显得更有意义。

第 1 节 ▎装箱法

现在我们假设预测变量 x 是连续的（或者事实即如此）。例如，我们所掌握的不是上一次生日时的年龄，而是每人以分钟计的年龄。这样一来，即便在一个非常大的样本中，也很少有人会有完全一样的年龄，从而样本均值 $\bar{y}\,|\,x$ 将会基于一个或最多几个观测值。这些平均值因此将会高度可变，难以作为总体均值 $\mu\,|\,x$ 的很好的估计值；此外，很多具体的年龄甚至可能不会被观测到，令我们难以得到 $\bar{y}\,|\,x$ 的估计值。

因为我们有一个很大的样本，我们就可以把 x 的值域范围分割成很多较小的区间或者说箱（bins）。例如，每个箱可由四舍五入至最近邻年数（由此得到以年为单位的年龄）的年龄组成。这里令 x_1，x_2，…，x_b 代表每个箱中心位置的 x 取值。每个箱都包含很多数据，从而样本的条件均值 $\bar{y}_i = \bar{y}\,|\,(x$ 在箱 i 中）会十分稳定。因为每一个箱都很窄，在包含中心的箱的任意位置上，箱均值都能很好地估计回归函数 $\mu\,|\,x$。

如果数据充分，使用装箱法的代价基本为零，然而在比较小的样本中，很少实际去将 x 的值域范围分割成很大数目的窄箱——这样做的话，每个箱里面的观测数会比较小，使得样本箱均值 $\bar{y}_i$ 变得不稳定。为了得到稳定的平均值，我们需要使用较少数量的宽箱来得到对总体回归函数的更粗略一些的估计。

这里显然有两种方法:(1)我们可以将 x 的取值范围分割成等宽的箱。(2)我们也可以将 x 的值域分割为包含大致相同观测数的箱。第一种选择只有在 x 足够均匀分布,从而能够基于足够数量的观测,得到稳定箱均值的条件下才显得有吸引力。事实上,如果我们对小样本使用这种方法,最终可能会得到一些空箱。

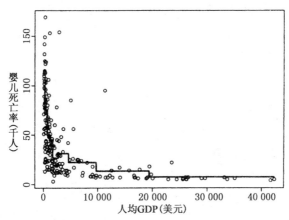

图 2.2 使用装箱法分析婴儿千人死亡率和人均 GDP(美元)之间的关系。图中共 **10** 个箱。

图 2.2 描绘了将装箱法应用到在第 1 章介绍过的联合国婴儿死亡率数据中的情况。图中的折线共包括 10 个箱,每个大致包含 19 个观测值。由于预测变量 GDP 是高度偏态的,这里不宜使用 10 个等宽的箱:第一个箱将会包括总共 193 个观测值中的 131 个,而最后一个箱将只包含两个观测值。

把离散的数量型预测变量处理成一组类别,以及使用装箱法处理连续预测变量是在分析大型数据库时常用的策略。通常地,连续变量在数据收集时已经隐含了装箱过程,比如在调查中

会要求受访者报告收入区间（如0—4 999美元，5 000—9 999
美元，10 000—14 999美元等）。如果有足够的数据来得出精
确的估计，那么比起盲目假设线性，对离散预测变量的取值
以及装箱后的（binned）预测变量区间使用虚拟变量将更为可
取。一个更好的策略是比较线性和非参数两种模型设定（见
第5章第2节）。

统计学上的考虑*

图2.3（a）描绘了一个窄箱；数据代表箱内的全部总体。
箱内y取值的总体均值$\bar{\mu}_i = E(y \mid x$在箱i中$)$几乎与在箱
中心位置（或者说实际上在箱的任何位置）的总体条件均值
$\bar{\mu}_i = \mu \mid x_i$相等。在一个很大的样本中，箱的样本均值$\bar{y}_i =$
$\bar{y}(x$在箱i中$)$将会因此给出在箱内任何位置上$\bar{\mu}_i = \mu \mid x_i$的
精确估计。

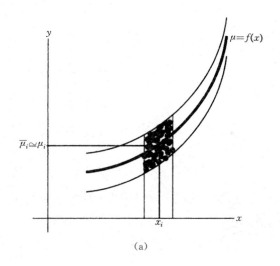

(a)

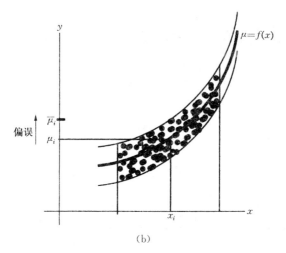

(b)

图 2.3　如图(a)所示,当箱比较窄时,在箱中 y 总体均值 $\overline{\mu}_i$ 即使是在非线性回归的情况下,也近似等于回归曲线在箱中心位置的高度 μ_i。而当箱比较宽时,如图(b)所示,箱中的总体均值 $\overline{\mu}_i$ 一般不等于回归曲线在箱中心位置的高度 μ_i。注意,在回归曲线周围数据的分布(两线之间的垂直距离)是恒定的:斜率的增加使得回归线看起来似乎在相互靠拢。

现在我们再来考虑宽箱的情形,如图 2.3(b):

● 除非发生幸运的巧合,总体箱均值 $\overline{\mu}_i = E(y\,|\,x$ 在箱 i 中)将会不同于 y 在箱中心位置的条件均值 μ_i。

● 假设我们想要用样本数据来估计在箱 i 中 x_0 处的总体均值 $\mu\,|\,x$。样本箱均值 $\overline{y}_i$ 是总体箱均值 $\overline{\mu}_i$ 的无偏估计,但是因为 $\overline{\mu}_i$ 一般不等于 $\mu\,|\,x_0$(即使是在箱的中心位置上),从而 $\hat{f}(x_0) = \overline{y}_i$ 将会是回归函数 $\mu\,|\,x_0 = f(x_0)$ 的有偏估计值。根据定义,x_0 处的偏误为 $\overline{\mu}_i - \mu\,|\,x_0$。

● 考虑到要缩小偏误,我们更喜欢窄箱,然而除非我们有很多数据,否则使用窄箱意味着能用来计算样本均

值 $\bar{y}_i$ 的数据会很少，从而得到高度可变的样本均值。这里均方误差（Mean-Squared Error，MSE）等于误差平方和加上抽样方差：

$$\mathrm{MSE}[\hat{f}(x_0)] = 偏误^2[\hat{f}(x_0)] + V[\hat{f}(x_0)]$$

正如统计估计中常见的例子一样，最小化偏误和最小化方差这两个目标之间存在一定的矛盾：宽箱会产生较小的方差和较大的偏误；窄箱会产生较大的方差和较小的偏误。只有当我们有一个很大的样本时才能兼顾两者。所有的非参数回归方法都会在某种形式上遭遇这一问题。

● 即使箱估计值是有偏的，只要总体回归函数足够平滑，它依然可以具有一致性。我们所要做的是随着样本量 n 的增加收缩箱宽度一直到 0，但是要足够缓慢地收缩以使得每个箱中的观测数同时增加。在这些条件下，当 $n \to \infty$ 时有偏误 $[\hat{f}(x)] \to 0$ 以及 $V[\hat{f}(x)] \to 0$。

第 2 节 | **局部平均化**

　　局部平均化的基本观点是，只要回归函数足够平滑，x 取值位于焦点 x_0 附近的观测就会给 $f(x_0)$ 提供丰富的信息。局部平均化与装箱法很相似，只是我们不再把数据切割为互不重合的箱，而是通过在数据上连续移动一个箱（这里称为"窗体"）来计算进入窗体中观测的平均值。

　　在操作中我们很难对任意的 x 值估计出回归函数，但是我们可以在很大数量的 x 的焦点值上计算 $\hat{f}(x)$。这些 x 的取值通常均等地分布在观测到的 x 取值范围内，或者位于在特定观测点 $x_{(1)}$，$x_{(2)}$，$\cdots$，$x_{(n)}$ 处（下标括号代表 x 取值升序排列[2]）。

　　如同装箱法，我们可以以焦点值 x_0 为中心建立固定宽度为 w 的窗体，或者我们可以调整窗体的宽度使其能够固定容纳 m 个观测。这些观测被称为焦点值的 m 个最近邻。

　　问题出现在 xs 的极值附近。例如，所有 $x_{(1)}$ 的最近邻会大于等于 $x_{(1)}$，而 $x_{(2)}$ 的最近邻几乎必然和 $x_{(1)}$ 的最近邻相等，这样一来就人为产生了边界偏误（boundary bias）——在估计回归曲线的最左端变得扁平。类似的扁平化出现在靠近 $x_{(n)}$ 的最右端。这里有个解决方案是要求焦点值左右有相等数目的最近邻，然而当接近边界时这种对称邻域

（symmetric neighborhoods）也会包含越来越少的观测数，从而使得（在没有相等的边界点存在时）$x_{(1)}$ 唯一的最近邻就是 $x_{(1)}$ 自身。一个关于边界偏误的更好的解决方法会在第 4 章讨论局部回归时介绍。

图 2.4 展示了如何利用第 1 章中的加拿大职业声望数据实现局部平均化。图 2.4(a) 中所示的窗体包含 $x_{(80)}$ 的 $m = 40$ 个最近邻。在我们得到焦点 x 的最近邻后，对这些最近邻的 y 值取平均值，即得到图 2.4(b) 中的拟合值。连接每一个焦点 x（在本例中为 $x_{(1)}$，$x_{(2)}$，⋯，$x_{(102)}$）的拟合值即得到图 2.4(c)。除去回归曲线最左端和最右端明显的平坦之外，局部平均值显得高低不平，这是由于当观测进入及离开窗体的范围时，$\hat{f}(x)$ 一般会有较小的跳跃。如第 3 章将会讨论的，核（kernel）估计值能够生成更平滑的结果。最后，当异常值进入窗体范围时，局部平均化可能会产生失真的结果，这一问题将会在第 4 章第 4 节中得到进一步解决。

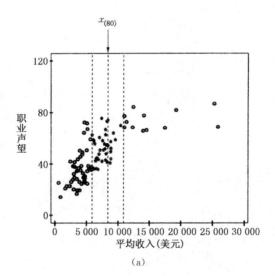

(a)

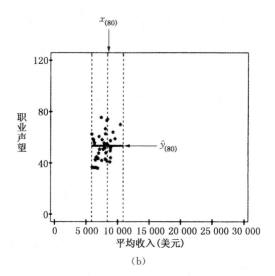

(b)

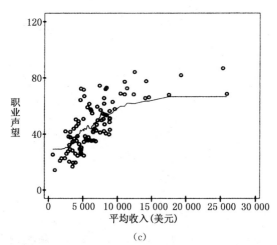

(c)

图 2.4　使用局部平均值对声望做关于收入的非参数回归：(a)定义窗体为包含 $m = 40$ 个焦点 $x_{(80)}$ 的最近邻的区域。(b)为得到 $\hat{y}_{(80)}$，我们对窗体中的 40 个观测计算 y 的均值。进而对中心位于 $n = 102$ 个 x 每一窗体重复这一步骤。(c)非参数回归线连接了 102 个 y 均值。

时间序列数据中的移动平均数

非参数回归通常被应用于时间序列数据，在这种数据中，x 变量为时间且观测等距分布。在这种情况下，最近邻与固定宽度的窗体是等价的。应用于时间序列数据的局部平均数一般被称为移动平均数。

例如，图 2.5 展示了多伦多市区 1960—1996 年每百万人谋杀率。图中显示了以连续 $m=5$ 个观测为一组的移动平均数。由于最开始三个移动平均值会必然相等，图中没有给出 $\hat{f}(1960)$ 和 $\hat{f}(1961)$。基于相似的理由，图中也忽略了 $\hat{f}(1995)$ 和 $\hat{f}(1996)$。

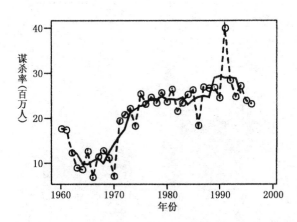

图 2.5 1960—1996 年多伦多市区每百万人谋杀率。图中用虚线连接的圆圈代表观测到的谋杀率。实线显示了每五个点的移动平均数。

移动平均数有许多变体，包括基于中位数的方法和在边界上生成估计值的策略（可参见 Tukey，1977：第 7 章）。

由于本书中介绍的非参数回归的一般方法能够较好地应用于时间序列数据，我将不再描述这些特殊方法。然而在第 4 章第 6 节中也讨论了在分析时间序列数据中涉及的其他要素。

第 **3** 章

核估计

核估计（局部加权平均化）是局部平均化的一个扩展。它的基本内涵是：在估计 $f(x_0)$ 时，一种可取的方法是给予接近焦点 x_0 观测更高的权重，同时给予远离焦点的观测更低的权重。令 $z_i = (x_i - x_0)/h$ 表示标尺化后的第 i 个观测的 x 值与焦点 x_0 之间有正负之分的距离。正如我将要简要解释的，标尺因子 h——它被称做核估计值的带宽（bandwidth），扮演了窗体宽度之于局部平均数的角色。

我们需要一个核函数 $K(z)$ 来将最大的权重赋予靠近焦点 x_0 的观测，然后随着 $|z|$ 的增长令权重对称、平滑地下降。只要能满足这一特征，究竟选择哪一种核函数并不十分重要。得到权重 $w_i = K[(x_i - x_0)/h]$ 后，我们进一步通过加权局部平均化 ys 计算出 x_0 处的拟合值：

$$\hat{f}(x_0) = \hat{y} \mid x_0 = \frac{\sum_{i=1}^{n} w_i y_i}{\sum_{i=1}^{n} w_i}$$

如图 3.1 所示，两种常见的核函数分别为高斯或正态核，以及三次方（tricube）核：

● 正态核即标准正态密度函数：

$$K_N(z) = \frac{1}{\sqrt{2\pi}} e^{-z^2/2}$$

这里，带宽 h 即以 x_0 为中心正态分布的标准差。这样一来，由于距离均值超过两个标准差的标准密度很小，距离聚焦值超过 $2h$ 的观测就会被赋予几乎为 0 的权重。

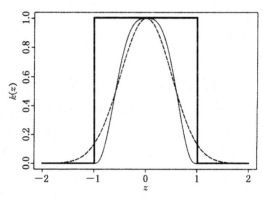

图 3.1 三次方（细实线）、正态（虚线）和矩形（粗实线）核函数。正态核函数已通过重新标尺化以达到比较效果。

● 三次方核为：

$$K_T(z) = \begin{cases} (1-\mid z \mid^3)^3 & \mid z \mid < 1 \\ 0 & \mid z \mid \geqslant 1 \end{cases}$$

在三次方核中，h 即以焦点 x_0 为中心的窗体的宽度的一半。落在窗体外侧的观测将被赋予 0 权重。

● 使用一个矩形核（见图 3.1）：

$$K_R(z) = \begin{cases} 1 & \mid z \mid < 1 \\ 0 & \mid z \mid \geqslant 1 \end{cases}$$

来赋予在以 h 为半宽度，中心位于 x_0 的窗体中的每一个观测相同的权重，从而正如第 2 章第 2 节所描述的，这样就得到了一个未加权的局部平均数。

我已经假设带宽 h 是固定的，然而核估计能够轻易适应于最近邻带宽。其中最容易适应的是那些能够取到 0 值的核函数，例如三次方核仅仅需要调整 $h(x)$ 来让固定数量 m 的观测能够落入窗体中。分数 m/n 被称为核平滑法的跨距（span）。如同局部平均化的例子，通常既可以对平均分布于 x 值域范围内的若干值，也可以对排序后的观测 x_i 来求得核估计值。

图 3.2 举例说明了核估计在加拿大职业声望数据上的应用。图 3.2(a) 展示了一个以第 80 顺位的 x 值为中心，包含 40 个观测的邻域。图 3.2(b) 显示了定义于该窗体的三次方加权函数，我们选择了一个特定的带宽 $h[x_{(80)}]$，以使窗体能够容纳焦点 $x_{(80)}$ 的 40 个最近邻，从而平滑法的跨距即为 $40/102 \simeq 0.4$。图 3.2(c) 展示了局部加权平均数，$\hat{y}_{(80)} = \hat{y} \mid x_{(80)}$。注意，此处为 $x_{(80)}$ 拟合值而非第 80 顺位的拟合值。最后，图 3.2(d) 将拟合值连接以得到关于声望对收入回归的核估计。相比局部平均化回归（图 2.4），核估计显得更加平滑，尽管在边界上依然会有平坦化的问题。

核估计量的不同的带宽能够被用来控制被估计回归函数的平滑程度，较大的带宽带来更平滑的结果。更多关于对带宽的选择及其与局部多项式回归的联系将会在第 4 章第 1 节和第 3 节中讨论。

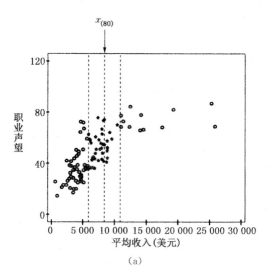

（a）

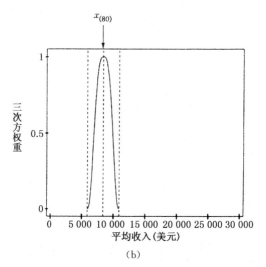

（b）

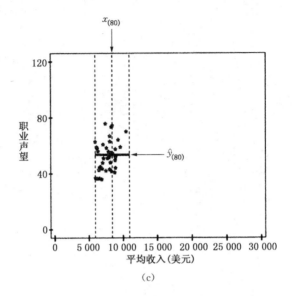

(c)

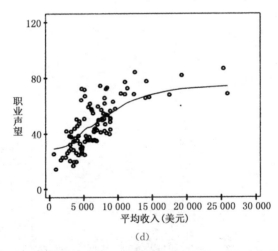

(d)

图 3.2　将核估计值应用于加拿大职业声望数据:(a)一个包含 $x_{(80)}$ 的 $m = 40$ 个最近邻的窗体;(b)三次方权重函数;(c)窗体中 y 值的加权平均数 $\hat{y}_{(80)}$;(d)连接以每一 x 值为中心的局部加权平均值的非参数回归线。

第 4 章

局部多项式回归

　　局部多项式回归修正了核估计的一些不足。它提供了一个能够直接扩展为多元回归、可加回归以及广义非参数回归（见 Fox，刊印中）的适合大多数情形的非参数回归方法。一种最常见的实现局部多项式回归的方法被称为 lowess。由于这些原因，我强调多项式回归在本书中的重要性，因此本章为本书的核心。

　　也许你熟悉多项式回归，其中一个预测变量 x 的 p 阶多项式，

$$y = \alpha + \beta_1 x + \beta_2 x^2 + \cdots + \beta_p x^p + \varepsilon$$

一般会通过最小二乘法来拟合数据，$p = 1$ 对应线性拟合，$p = 2$ 对应二次函数拟合，以此类推。对常数项（即均值）的拟合则对应 $p = 0$。局部多项式将核估计扩展为焦点 x_0 处使用核权数 $w_i = K[(x_i - x_0)/h]$ 的多项式拟合。用所得的加权最小二乘法（WLS）回归来拟合方程，

$$y_i = a + b_1(x_i - x_0) + b_2(x_i - x_0)^2 + \cdots + b_p(x_i - x_0)^p + e_i$$

以使加权残差平方和 $\sum_{i=1}^{n} w_i^2 e_i^2$ 最小。一旦得到加权最小二乘解，即可得到在焦点 x_0 处的拟合值 $\hat{y} \mid x_0 = a$。正如在

核估计中所做的,我们将这一步骤重复于有代表性的焦点值 x 或观测 x_i。

带宽 h 既可以是固定的也可以作为焦点 x 的函数变化。当带宽定义于一个包含最近邻的窗体,正像三次方权数的例子那样,我们就可以很方便地通过决定窗体中包括的观测数的比例来设定平滑的程度。我们将这一比例 s 称为局部回归平滑法的跨距。如此一来,每个窗体容纳的观测数为 $m = [sn]$,其中的方括号表示四舍五入到最近的整数。

最通常的情况是选择 $p=1$ 以得到局部线性拟合。相比之前章节中的核估计值(对应于 $p=0$),局部线性拟合中的"倾斜"能够起到减少偏误的作用。这一优势在边界上尤为明显,因为在这些区域核估计值会出现平坦化。取值 $p=2$ 或 $p=3$,亦即局部二次或三次方拟合,会生成更为灵活的回归模型。更灵活的模型能够进一步减少偏误,然而也会带来更大的变异性。其结果是,奇数阶的局部多项式在理论上更具优势,因而比起 $p=0$ 或 $p=2$,我们更倾向于 $p=1$ 或 $p=3$ 的模型。第 4 章第 2 节和第 3 节将会进一步探索这些问题。

图 4.1 描绘了使用三次方函数和最近邻带宽对加拿大职业声望数据进行局部线性回归拟合的计算过程。图 4.1(a) 显示了一个跨距为 0.4 的窗体,它容纳了焦点 $x_{(80)}$ 的 $[0.4 \times 102] = 40$ 个最近邻。图 4.1(b) 显示了定义于该窗体的三次方权重函数。局部加权拟合如图 4.1(c) 所示。图 4.1(d) 连接了在每个 x 上计算得到的拟合值。不同于核估计(参见图 3.2),图中没有出现拟合回归函数的平坦化。

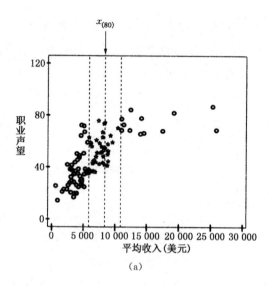

(a)

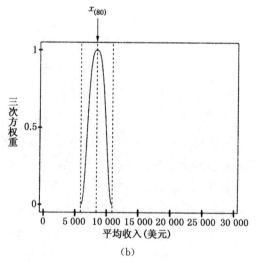

(b)

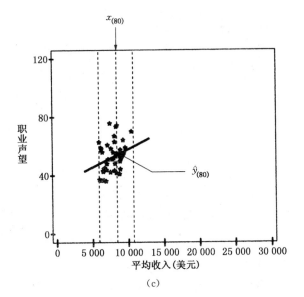

(c)

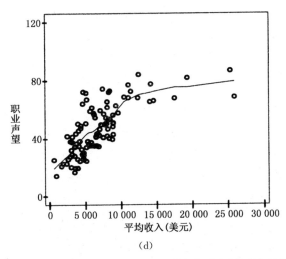

(d)

图 4.1　收入关于声望的最近邻局部线性回归：(a) 中的窗体包括 $m =$ 40 个焦点 $x_{(80)}$ 的最近邻。这一窗体的三次方权数如 (b) 所示，局部加权回归线则如 (c) 所示，通过回归线可得到拟合值 $\hat{y}_{(80)}$；(d) 连接了所有观测的拟合值以得到非参数回归线。

第 1 节 │ 选择跨距

我假定使用最近邻带宽，于是对带宽的选择也就等同于对局部回归法的跨距的选择。我也假定使用局部线性拟合。在这个章节中讨论的方法显然可以被推广到固定带宽以及更高阶的多项式平滑方法中。

一个通常有效的选择跨距的方法是有导向性的试错法。跨距 $s=0.5$ 通常是一个很好的出发点。如果拟合后的回归看起来过于粗糙，那么就尝试加大跨距；如果看起来比较光滑，那么可以看看是否可以在不使拟合过于粗糙的情况下减少跨距。我们想要得到能够提供平滑拟合的 s 的最小值。

"平滑"和"粗糙"诚然是主观的词汇，这里我想表述的意思最好通过一个例子来说明。图 4.2 展示了加拿大职业声望数据的例子。对于这些数据，选择 $s=0.5$ 或是 $s=0.7$ 看上去能够在平滑性与对数据的忠实之间给出一个合理的折中。

一种作为补充的视觉方法是，首先从拟合图上找到残差 $e_i=y_i-\hat{y}_i$，然后基于预测变量 x_i 来平滑残差。如果数据已经平滑过度，那么在残差平均值与预测变量 x 间将会存在一种系统性的关系；如果数据没有被拟合过度平滑，那么不论 x 取何值，残差平均值都会趋近于 0。我们所要找的是 s 的最大值并确保得到的残差与 x 不相关。举例如图 4.3 所

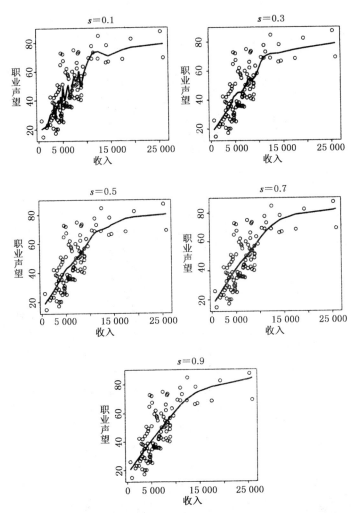

图 4.2　在跨距 s 的一些取值上对声望关于收入做最近邻局部线性回归。s = 0.5 或 0.7 较合理地平衡了平滑度与对数据的还原度。

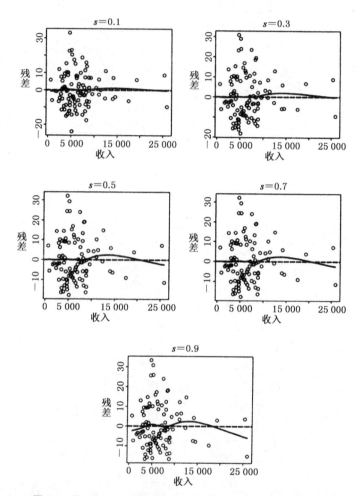

图 4.3 关于收入的残差图。图中的水平线代表 $e = 0$；平滑曲线由局部线性回归计算得到（使用跨距 $s = 0.6$）。图上方所显示的跨距代表一开始为取得残差所做的拟合中所用到的跨距。

示。除了数据在右侧由于收入分数的偏态分布而较稀疏之外，$s=0.1$ 和 $s=0.3$ 时的残差平均值与 0 线非常接近，$s=0.5$ 和 $s=0.7$ 时残差平均值略微偏离 0，而 $s=0.9$ 时则更系统性地偏离 0，说明平滑过度。在图 4.2 中结合这些信息和对拟合图的直接目测建议选择 $s \simeq 0.6$。

这种视觉实验可由允许使用例如滑杆等图形设备来控制跨距的计算机环境加以辅助。我们能够调节跨距并立即看到效果。

第 4 章第 3 节描述了选择跨距的更复杂的方法。视觉化的方法通常行之有效，因而即便 s 的初始值可由更复杂的方法得到，我们也应该在这之后进行视觉试错法的工作。

第 2 节 | 局部回归中的统计学问题[*]

我再一次假设用到局部线性回归。本章节的结果可被扩展到更高阶的局部多项式回归，然而线性回归的例子更为简单。

图 4.4 证明了相比于核估计值，局部线性估计值在减少偏误方面更具优势。在图 4.4(a) 和图 4.4(b) 中，真实的回归函数（由粗线所示）在焦点值 x_0 附近是线性的。

- 在图 4.4(a) 中，窗体中的 x 值对称地分布在位于窗体的中心位置的焦点 x_0 周围。因此窗体中 ys 的加权平均值 $\bar{\mu}$ 为 $\mu \mid x_0 = E(y \mid x_0)$ 的无偏估计，因为所估计的为真正的局部回归函数，局部回归线也给出了 $\mu \mid x_0$ 的无偏估计。

- 相比而言，图 4.4(b) 中窗体右端有相对更多的观测。由于真实的回归函数在窗体中斜率为正，其结果是 $\bar{\mu}$ 大于 $\mu \mid x_0$，也就是说，核估计值是有偏的。然而局部线性回归仍然可以估计出真实的回归函数，从而给出 $\mu \mid x_0$ 无偏的估计值。这里的边界为观测不对称地分布在 x_0 周围的区域，它引起了核估计值的边界偏误，然而这里讲到的问题却更加普遍。

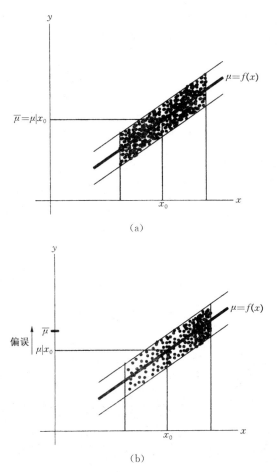

图 4.4 （a）当在焦点 x_0 邻域该关系为线性，并且观测对称地分布在 x_0 周围时，核估计值（所估计的为 $\overline{\mu}$）与局部线性估计值（由于窗体中的关系是线性的，它直接估计 $\mu \,|\, x_0$）两者都是无偏的。（b）当在邻域回归是线性的但观测不对称地分布在 x_0 周围时，局部线性估计值仍然是无偏的，而核估计值却是有偏的。

　　当然，如果在窗体中真实的回归是非线性的，那么核估计和局部线性估计两者都会有偏，虽然程度有所不同。[3] 从这些图上得到的结论是，核估计的偏误取决于 x 值的分布，而局部线性估计则不依赖于 x 值的分布。因为局部线性估计能够适应于真实回归函数的"倾斜",它一般在 x 值不平均分布以及在数据的边界位置上时有更小的偏误。同时由于核估计值和局部线性估计值具有相同的渐进方差,局部线性估计值会得到更小的均方误差。

这些结论可被推广到偶数阶 p 和奇数阶 $p+1$(例如,$p=2$ 和 $p+1=3$)局部多项式回归。奇数阶的偏误渐进地独立于 x 值的分布而偶数阶不独立。奇数阶的偏误通常要小于偶数阶,而方差却与后者相同。因此,渐进地,奇数阶(如局部三次方估计值)要比偶数阶(如局部二次方估计值)有更小的均方误差。

在图 4.5(a)中我通过人工"数据"阐明了这一观点。我根据三次方回归方程

$$y = 100 - 5\left(\frac{x}{10} - 5\right) + \left(\frac{x}{10} - 5\right)^3 + \varepsilon \qquad [4.1]$$

生成了 100 个观测。其中 x 值和误差分别是从均匀分布 $x \sim U(0, 100)$ 和正态分布 $\varepsilon \sim N(0, 20^2)$ 中抽取的。图中所绘的线代表"真实的"回归曲线 $E(y \mid x)$(也就是说,不含误差项的方程4.1)。图 4.5 也显示了对数据的最近邻(b)核以及(c)局部线性拟合,在每一拟合中跨距 $s=0.3$。可以看到,最近邻局部线性回归曲线能够很好地重现真实的回归;而核拟合则呈现出明显增加的偏误,尤其是在接近数据边界的位置。[4]

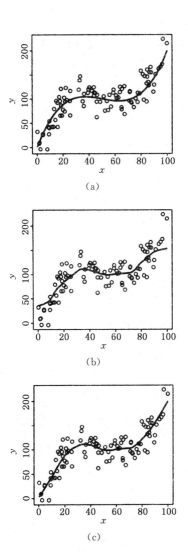

图 4.5　(a)人工生成的数据, 根据模型 $y = 100 - 5\left(\dfrac{x}{10} - 5\right) + \left(\dfrac{x}{10} - 5\right)^3 + \varepsilon$ 和 $x \sim U(0, 100)$ 以及 $\varepsilon \sim N(0, 20^2)$ 生成。(b)跨距 $s = 0.3$ 的最近邻核拟合。(c)最近邻局部线性拟合, 同样使用跨距 $s = 0.3$。

第 3 节 │ 关于带宽的再讨论 *

当减少局部回归估计值的带宽 h 时，估计值的偏误会减少而它的方差会增加。假设我们要在焦点值 x_0 处估计局部回归：

● 在一个极端上，$h = 0$，且只有恰好在等于 x_0 的 x 值上的观测才对局部拟合有所贡献。在这个例子中，无法拟合出一条独一无二的局部回归线，但是我们仍然可以在 x_0 处找到当 $x = x_0$ 时，y 的平均值作为拟合值。如果没有多个同时位于 x_0 的观测，则拟合结果恰好有 $\hat{y}_0 = y_0$，同时局部回归估计量仅连接散点图中的各个点。因为 $E(y \mid x_0) = \mu \mid x_0$，这时估计量的偏误为 0，但它的方差却相当大，等于一个观测个体的条件方差 σ^2。

● 在另一个极端上，$h = \infty$。此时从焦点 x_0 到预测值 x_i 的标尺化距离，也就是 $z_i = (x_i - x_0)/h$，都等于 0，而权数 $w_i = K(z_i)$ 都等于最大值（如对于三次方函数取 1）。由于所有观测都具有相同的权重，因此拟合将不再是局部的。事实上，我们将对数据拟合一条全局最小二乘线。这时偏误将会很大（当然除非真实的回归在全局上是线性的），但样本间的方差却比较小。

一个更加基本的考虑是估计量的均方误差(MSE),

$$\mathrm{MSE}(\hat{y} \mid x_0) = E\big[(\hat{y} \mid x_0 - \mu \mid x_0)^2\big]$$

它等于方差与偏误平方的和。我们要在 x_0 处找到能使均方误差最小的 h^*,从而给出偏误与方差的最优均衡。当然,我们需要在每一个用来估计 $f(x)=\mu \mid x$ 的焦点值 x 上重复这一过程,即调整带宽以使均方误差最小。

在焦点 x_0 处的局部线性平滑法的数学期望和方差为:

$$E(\hat{y} \mid x_0) \simeq f(x_0) + \frac{h^2}{2} s_K^2 f''(x_0)$$

$$V(\hat{y} \mid x_0) \simeq \frac{\sigma^2 a_K^2}{nhp(x_0)} \qquad [4.2]$$

其中(与之前的定义一致):

- $\hat{y} \mid x_0 = \hat{f}(x_0)$ 是在 $x=x_0$ 处的拟合值;
- $\sigma^2 = V(\varepsilon)$ 是误差的方差,也就是在真实回归函数周围的 y 的条件方差;
- h 是带宽;
- n 是样本大小;
- $f''(x_0)$ 为在焦点 x_0 处真实回归函数的二阶导数(表示回归函数的曲率,也就是在 x_0 处回归函数变动的速率);
- $p(x_0)$ 是于 x_0 处 x 分布的概率密度(较大的值表示 x_0 附近有较多观测);
- s_K^2 和 a_K^2 为取决于核函数的大于零的常数。[5]

在 x_0 处的偏误为：

$$\text{偏误}(\hat{y} \mid x_0) = E(\hat{y} \mid x_0) - f(x_0) \simeq \frac{h^2}{2} s_K^2 f''(x_0)$$

因此，当回归函数中的带宽 h 和曲率 $f''(x_0)$ 较大时，估计值的偏误也会比较大。相反，当误差方差 σ^2 较大、带宽 h 较小以及数据分布较稀疏（亦即 $p(x_0)$ 较小）时[6]，估计量的方差将会比较大。

因为加大 h 会增大偏误但减小方差，如前所述，减少偏误和方差常常是一对矛盾的目标。在 x_0 处，我们有能使均方误差最小的 h 值：

$$h^*(x_0) = \left[\frac{a_K^2}{s_K^4} \times \frac{\sigma^2}{np(x_0)[f''(x_0)]^2} \right]^{1/5} \qquad [4.3]$$

注意，曲率 $f''(x_0)$ 为 0，此时最优带宽 $h^*(x_0)$ 为无限大，它表明对全局数据的线性拟合。最近邻带宽已根据 $np(x_0)$ 进行了调整，但未将回归函数的局部曲率考虑在内。

图 4.6 基于人工数据的三次回归模型阐明了这些想法。图 4.6(a) 展示了回归函数，$\mu \mid x = f(x)$（见方程 4.1）。图 4.6(b) 展示了在焦点 $x = 10$ 处带宽为 h 的函数 $\hat{y} \mid x$ 的方差、偏误平方和均方误差。注意，在 $h = 0$ 处，偏误平方为 0，它随着 h 的变大而增加；与此形成对比的是，在 $h = 0$ 时，方差最大且方差随带宽的增加而减小。当 $h^*(10) \simeq 12$ 时，均方误差取得最小值。图 4.6 中的 (c) 绘制了作为焦点值 x_0 函数的最优带宽 $h^*(x)$。注意，$h^*(x)$ 在 $x = 50$ 附近显著增加——后者为 $f(x)$ 的拐点，其回归函数的二阶导数为 0。

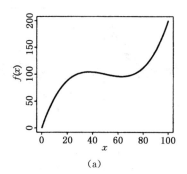

（a）

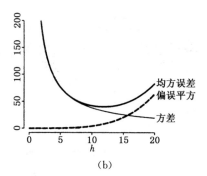

（b）

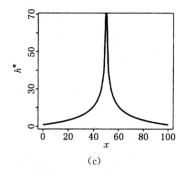

（c）

图 4.6 给人工数据选择带宽：(a)真实的回归曲线为 $E(y|x) = f(x)$。(b)于焦点 $x = 10$ 处作为带宽 h 函数的局部线性估计值的方差、偏误平方和均方误差。(c)作为焦点 x 函数的最优带宽 h^*。注意，由于 $f''(50) = 0$，h^* 在 $x = 50$ 上取到无限大。

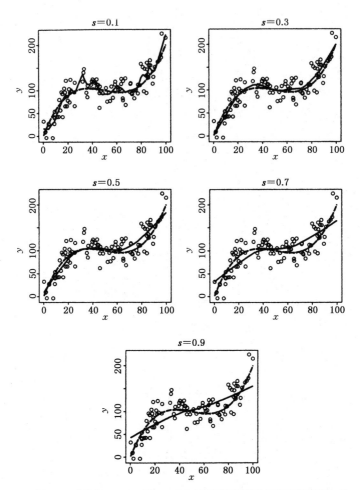

图 4.7　采用从 $s = 0.1$ 到 $s = 0.9$ 几种不同跨距的局部线性回归。局部回归拟合由实线所示,真实的回归曲线由虚线所示。

　　最近邻回归可于每一焦点 x_0 处调整带宽,但仅适用于固定跨距。图 4.7 使用根据方程 4.1 人工生成的数据扩展了之前的例子。图 4.7 中的局部线性拟合采用最近邻带宽,并使用三次方核函数。我们在 0.1 到 0.9 之间改变局部回归的跨距。每一幅图中同时绘出了被估计的回归函数(如实线所示)和真实的总体回归函数(如虚线所示)。可以清楚地看到,因为估计值变异性太大,最小的跨距(0.1)在估计真实的回归函数上表现得很糟糕。相似地,最大跨距(0.7 和 0.9)因为偏误过大,不能够描绘真实回归曲线的弯曲而同样表现得不尽如人意;事实上,$s = 0.9$ 的拟合几乎在全局上是线性的。使用中等大小的跨距(0.3 与 0.5)的估计能够较好地捕捉到真实的回归函数。这些例子得益于我们关于真实回归的知识(当然,在实际应用中这些知识并不存在)。然而,它显示了偏误与方差如何随着局部回归估计量的跨距而变化。为评估局部回归估计量的精确度,我们需要一些方法在所需要评估的估计量的焦点 xs 处计算累加均方误差。能够实现这一想法的一种方法是计算均误差平方(Average Squared Error,ASE)

$$\text{ASE}(s) = \frac{\sum_{i=1}^{n} \left[\hat{y}_i(s) - \mu_i \right]^2}{n}$$

其中,$\mu_i = E(y \mid x_i)$ 为第 i 个观测的响应(如使用方程 4.1 中的模型)的"真实"预测值,而 $\hat{y}_i(s)$ 则为跨距为 s 的第 i 个拟合值。这里要注意两点:

1. 误差平方首先根据被观测到的 x 值估计出来,然后再求平均。

2. ASE 根据本数据集计算得到,不能作为关于重复抽样样本的数学期望。

图 4.8 绘出了作为跨距函数的局部线性估计值的均误差

平方。当 $s \simeq 0.3$ 时 ASE 最小，这验证了我们先前视觉上的
直观印象。

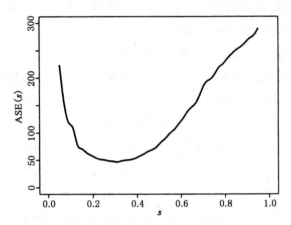

图 4.8　均误差平方(ASE)作为跨距(s)的函数，基于人工生成的数据。

通过交叉检验选择跨距

　　一种在理念上很有吸引力但较复杂的选择带宽的方法
是正式地估计 h^* 的最优解。我们需要在每个要估计 $\hat{y} \mid x$
的 x_0 处计算 $h^*(x_0)$，或者估计一个最优的平均值来用于固
定带宽估计量。一个相似的方法同样适用于最近邻局部回
归估计量。

　　所谓对 h^* 的插入估计(plug-in estimate)可通过估计它
的三个成分——σ^2，$f''(x_0)$ 和 $p(x_0)$ 进行；我们并不需要估
计方程 4.3 中的其他部分，因为已知样本量 n 且常数 a_K^2 和 s_K^4
可以由核函数计算得到。对 σ^2 和 $f''(x_0)$ 的估计则有赖于对
回归函数的初步估计。

一个更简单的能同时应用于固定带宽和最近邻估计量的方法是通过交叉检验（cross-validation）估计最优带宽或跨距。这里我仅考虑最近邻估计量；固定带宽估计量的情形类似。在交叉检验中，我估计在观测 x_i 处的回归函数。

在交叉检验中最主要的想法是从焦点 x_i 的局部回归中忽略第 i 个估计值。我们用 $\hat{y}_{-i} \mid x_i$ 来表示这一过程所得到的 $E(y \mid x_i)$。忽略第 i 个观测能够使拟合值 $\hat{y}_{-i} \mid x_i$ 独立于观测值 y_i。

交叉检验（CV）函数为：

$$\mathrm{CV}(s) = \frac{\sum_{i=1}^{n} \left[\hat{y}_{-i}(s) - y_i \right]^2}{n}$$

其中 $\hat{y}_{-i}(s)$ 即对应跨距为 s 的 $\hat{y}_{-i} \mid x_i$。我们的目标是找到能够使得 CV 最小的 s。在实际操作中，我们需要在 s 的值域范围中计算 $\mathrm{CV}(s)$。

不同于在不同 s 取值上重复局部回归拟合，交叉检验并不会增加计算负担，因为我们通常无论如何都会在每一个 x_i 处估计局部回归。

交叉检验函数是一种在观测值 xs 上对平均均方误（MASE）的估计[7]：

$$\mathrm{MASE}(s) = E\left\{ \frac{\sum_{i=1}^{n} \left[\hat{y}_i(s) - \mu_i \right]^2}{n} \right\}$$

因为 $\hat{y}_{-i}$ 和 y_i 相互独立，$\mathrm{CV}(s)$ 的数学期望为：

$$E\left[\mathrm{CV}(s)\right] = \frac{\sum_{i=1}^{n} E\left[\hat{y}_{-i}(s) - y_i \right]^2}{n} \simeq \mathrm{MASE}(s) + \sigma^2$$

将 μ_i 替换为 y_i 会使 CV(s) 的期望值增大 σ^2，但因为 σ^2 是一个常数，能使得 $E[CV(s)]$ 最小的 s 取值（近似于）即等于令 MASE(s) 取最小值的取值。

这里要理解为什么在第 i 个观测处计算拟合函数时要忽略观测 i 本身，可以考虑如果我们不这样做会发生什么。那样的话，将跨距设为 0 将会使被估计的 MASE 最小化，这是因为（在没有相等的 x 的情况下）局部回归估计量会简单地插补观测数据：拟合值和观测值将会相等，同时 $\widehat{MASE}(0)=0$。

虽然交叉检验通常是为局部多项式回归选择跨距的有用方法，但需要认识到 CV(s) 只是一个估计值，会受到抽样差异的影响。尤其是在小样本中，这一差异会非常明显。此外，因为对方程 4.2 中的局部回归估计量的数学期望与方差的估计是渐进的，在小样本中，CV(s) 经常会倾向于给出过小的 s 值。

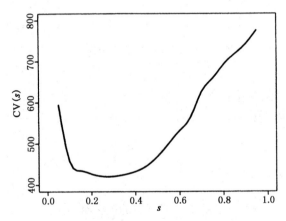

图 4.9 将交叉检验函数 CV(s) 应用到人工生成的数据

图 4.9 显示了将交叉检验函数运用到根据方程 4.1 人工

生成的数据。请将此图与图 4.8 进行对比，后者展示了真实的均误差平方作为跨距的一个函数。相比 ASE(s)，较大的 CV(s)值反映出误差方差 $\sigma^2 = 400$。交叉检验函数在这个例子中为选择跨距提供了一个有用的指导。

图 4.10 显示了关于职业声望对收入回归的 CV(s)。在这个例子中，交叉检验函数对选择跨距提供的帮助甚少，仅仅表明 s 应当取较大的值。这里不妨对比我们之前利用视觉试错法所得到的结论：$s \simeq 0.6$。

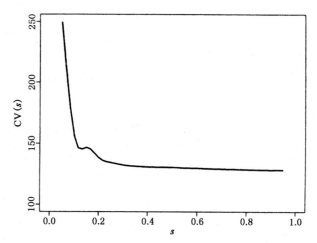

图 4.10　关于声望对收入局部线性回归的交叉检验函数

第 4 节 ｜ 使局部回归不受异常值影响

　　和线性最小二乘回归一样,异常值——以及产生异常值的重尾误差分布——会对局部回归中的最小二乘估计造成严重影响。一个解决方法是减少异常观测的权重。在线性回归中,这一策略通向 M-估计—— 一种稳健回归(例如,见 Fox, 1997:第14.3节)。同样的策略适用于局部多项式回归。

　　假设我们要对数据拟合一个局部回归,以从中得到 $\hat{y}_i$ 和残差 $e_i = y_i - \hat{y}_i$。较大的残差代表相对远离拟合回归的观测。这时我们定义权重 $w_i = W(e_i)$,其中对称函数 $W(\cdot)$ 将最大的权重赋予残差为 0,并随着残差绝对值的增加而减小权重。

- 一种对权重函数的流行的选择是双平方(bisquare)或双权数(biweight):

$$w_i = W_B(e_i) = \begin{cases} \left[1 - \left(\dfrac{e_i}{cS} \right)^2 \right]^2 & \text{当 } |e_i| < cS \\ 0 & \text{当 } |e_i| \geqslant cS \end{cases}$$

其中 S 是一个(较为稳健的)对残差的分布的测量,如中位绝对值残差(median absolute residual),其中 $S =$ 中位数 $|e_i|$;c 为调节常数(tuning constant),它在误差正态分布的条件下被用来平衡对异常值的抵抗力与

统计有效性。较小的 c 值能够带来对异常值较强的抵抗力（因为 $|e_i| \geqslant cS$ 的观测会被赋予 0 权重），但当误差为正态分布时也会降低统计有效性。选择 c＝7（并使用中位绝对值偏差作为分布的测量）能够在误差正态分布条件下取得相当于最小二乘法的 95％ 的统计有效性，通常也会使用更小一些的取值如 c＝6。

● 另一种常见的选择是 Huber 权重函数：

$$w_i = W_H(e_i) = \begin{cases} 1 & \text{当 } |e_i| < cS \\ \dfrac{cS}{|e_i|} & \text{当 } |e_i| \geqslant cS \end{cases}$$

不同于双权重函数，Huber 权重函数几乎永远得不到 0。对于正态分布的误差，当调节常数 c＝2 时能够产生大约 95％ 的有效性。

图 4.11 描绘出了双平方和 Huber 权重函数。

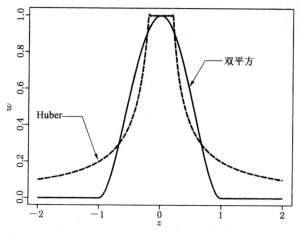

图 4.11　双平方（实线）和 Huber（虚线）权重函数。其中 Huber 权重函数已通过重新标尺化来辅助比较。

计算出稳健性权重后，我们就可以通过加权最小二乘法在焦点值 x_i 处重新拟合局部回归，从而在上述情况中令加权残差平方和 $\sum_{i=1}^{n} w_i^2 w_i^2 e_i^2$ 最小，其中 w_i 是我们刚刚定义的"稳健性"权重，而 w_i 代表核"邻域"权重。最后，因为异常值会影响最初的局部拟合并进而影响到残差和稳健性权重，我们有必要重复这一程序，即在新的拟合中计算新的残差，再通过新的残差计算新的稳健性权重，然后再一次重新拟合局部回归。要重复这一完整程序直到拟合值 $\hat{y}_i$ 停止变化。一般需要重复稳健性迭代 2—4 次。

回想第 1 章第 1 节中的联合国关于 193 个国家的婴儿死亡率与人均 GDP 的数据。图 4.12 展示了对数人均 GDP 对对数婴儿死亡率的稳健与非稳健局部线性回归。注意，非稳健拟合线是如何被拉向相对极端的观测值的，如汤加（Tonga）。

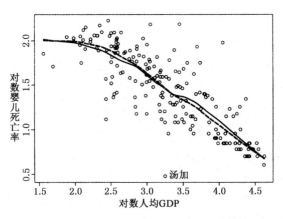

图 4.12　对数婴儿死亡率关于对数人均 GDP 的局部线性回归。实线显示了未考虑稳健性权重的拟合。虚线显示了重复 4 次稳健性迭代后的拟合结果。两种拟合都使用了 $s = 0.4$ 的跨距。

使用最近邻三次方权重以及双平方稳健性权重的局部回归是由克利夫兰（Cleveland，1979）所提出的：他将这一过程称为 lowess，即局部（locally）、加权（weighted）、散点图（scatterplot）、平滑（smoothing）。为了将这一方法推广到多元回归（见本书的姊妹篇，Fox，刊印中），克利夫兰等人（1992）将其重命名为 loess，即局部（local）、回归（regression）。lowess（或 loess）是最常用的非参数回归方法。

正态分位数比较残差图

我们可以将使用稳健拟合程序看做理所当然的事情，在误差项的确为正态分布时牺牲小部分的有效性，抑或可以通过初步的非稳健回归来考察残差的分布进而决定是否需要稳健拟合。在任何情况下，考察残差都是一种寻找异常值的有效方法。异常值需要得到解释。

分位数比较图（quantile-comparison plot）是一种特别有用的比较数据（残差）与理论分布（比如正态分布）的方法。将排序后的残差与相应的正态分布进行对比绘图有助于我们发现偏态、重尾残差和异常值。雅各比（Jacoby，1997）介绍了其他一些单变量绘图方法。

令 $e_{(1)}$，$e_{(2)}$，$\cdots$，$e_{(n)}$ 代表排序后的残差并令

$$z_i = \Phi^{-1} \left(\frac{i - \frac{1}{2}}{n} \right) \qquad i = 1, \cdots, n$$

作为标准正态分布的相应的分位数（Φ^{-1} 为累积正态分布函数的逆）。举个简单的例子，若 $n=101$，$i=51$，则在第 51 顺

位的观测之下的数据的累积比例为 $(51-0.5)/101=0.5$；也就是说，残差中的一半会被落在低于（及包含）$e_{(51)}$ 的位置上。而对应的正态分位为 $z_{51}=\Phi^{-1}(0.5)=0$。进而我们可以得到正态分位比较图，即关于横轴上 $e_{(i)}$ 与纵轴上 z_i 的散点图。

如果残差近似正态分布并且残差均值接近 0，那么 $e_{(i)}\simeq Sz_i$，其中 S 是残差的标准差。我们可以通过在图中放置一条比较线来判断偏离正态性的程度，比如绘制经过 $(0,0)$ 并具有斜率 S 的线，或者更稳健地，使这条线经过 e 和 z 的四分位点（标准正态分布的四分位数位于 ±0.674 处）。在后一种情形中，我们可以将这条线的斜率看做对 σ 的稳健估计。所绘出的点对照比较线的系统性偏离表明不同种类的非正态性：

- 重尾的分布会产生位于比较线右上方与左下方的点。
- 异常值为图中分布任意一端明显异于相邻各点分布的点——在右端高于其他点而在左端低于其他点。
- 右偏的分布会产生在左右两端高于比较线的点，左偏的分布则会产生低于比较线的点。

对正态性的偏离可由分位比较图中所显示的抽样变异性来辅助判断。假设残差 e_i 是独立地从一个标准差为 S 正态分布中抽取的，虽然这不太符合实际情况——因为残差之间多少有一定的相关性——但这里我们仅做粗略估计。令 $P_i=(i-0.5)/n$ 表示在第 i 顺位残差 $e_{(i)}$ 下方（包括 $e_{(i)}$）的数据的累积比例，则 $e_{(i)}$ 的估计标准误（SE）为：

$$\widehat{\mathrm{SE}}_{(e_{(i)})} = \frac{S}{\phi(z_i)} \sqrt{\frac{P_i(1-P_i)}{n}}$$

其中 $\phi(z_i)$ 为在比较值 z_i 处的标准正态密度(即正态曲线的高)。令 $\hat{e}_{(i)}$ 代表位于比较线上 z_i 上方的点。则

$$\hat{e}_{(i)} \pm 2\widehat{\mathrm{SE}}(e_{(i)})$$

近似给出了拟合线周围 95% 逐点置信包迹。

图 4.13 显示了根据对数婴儿死亡率对对数人均 GDP 非稳健局部线性回归残差绘制的正态区间比较图。图中的点偏离比较线的模式具有重尾分布的特点,表明应当对数据进行稳健拟合。

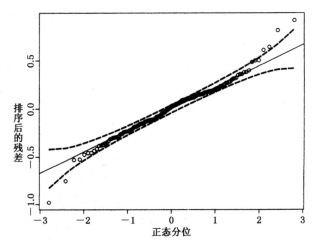

图 4.13　**基于对数婴儿死亡率对对数人均 GDP 局部线性回归残差绘制的正态区间比较图。图中的比较线通过连接四分位点给出;虚线近似给出了拟合线周围的 95% 逐点置信包迹。**

第 5 节 | 显示分布和不对称 *

在先前的讨论中我们或隐含地或偶尔明确地假设 y 的条件方差是恒定的，$[V(y \mid x) = V(\varepsilon) = \sigma^2]$，并且 y 的条件分布在其均值 $\mu \mid x$ 周围是对称的。但如果 y 的分布不是恒定的，那么就很有必要考察它是如何作为 x 的函数而变化的。如果 $y \mid x$ 的分布不对称，那么用条件均值来描绘这个分布的中心就显得不尽合理。

现在让我们假设条件方差 $V(y \mid x_0) = \sigma^2 \mid x_0$ 会随着焦点值 x_0 的变化而改变。这里条件方差被定义为一种均值（也就是说，一种数学期望）：

$$\sigma^2 \mid x_0 = E[(y \mid x_0 - \mu \mid x_0)^2]$$

我们已经知道如何通过 y 对 x 的局部多项式回归中所得到的拟合值 $\hat{y} \mid x_0$ 来估计 $\mu \mid x_0$。因此，如果忽略局部回归估计中存在的任何偏误，我们就用在 x_0 处的平均残差平方——均值 $[(y \mid x_0 - \hat{y} \mid x_0)^2]$——来估计 $\sigma^2 \mid x_0$。

如果在每一个 x 的焦点值 x_0 上都有许多重复的观测，我们就可以直接应用这一结果。但这并非在应用核估计量和局部多项式估计量时常见的情况：设想一下在焦点值 x_0 邻域的全部观测能让我们收集到足够的数据来估计 $\mu \mid x_0$，

并在 x 上对 y 进行平滑。

当在 x_0 上没有重复的观测时,我们可以类似地使用局部多项式拟合来平滑残差平方,进而估计条件(局部)误差方差 $\sigma^2 \mid x_0$。在这一背景下,比起局部多项式估计量,我更喜欢核估计量,因为残差平方的局部加权平均值不可能为负,但局部多项式估计值却可以。一个小于零的方差当然是没法理解的。如果有异常值或残差分布是重尾的,那么我们就可以利用稳健加权来计算分布的稳健测量值。

当在 x_0 处 y 的条件分布对称时,分别基于正负残差项对 $\sigma^2 \mid x_0$ 的估计大致相等。在另一种情形下,如果分布是右偏的,则基于负残差项对 $\sigma^2 \mid x_0$ 的估计将会小于基于正残差项的估计。左偏的分布则产生相反的模式。因此,我们能够通过对正残差和负残差分别平滑来得到两组 $\sigma^2 \mid x_0$ 的估计值,进而检查偏态情况(见后面的例子)。

图 4.14 举例说明了这些观点在加拿大职业声望数据上的应用。图 4.14(a)展示了声望对收入的局部线性回归(实线),以及拟合线周围一个标准差宽度的带状区 $\hat{y} \mid x \pm \hat{\sigma} \mid x$(虚线)。如前所述,条件标准差 $\hat{\sigma} \mid x$ 即通过对残差平方、对声望进行核回归开平方根得到的。在图 4.14(b)中,条件标准差分别由负残差 $\hat{\sigma}_- \mid x$ 和正残差 $\hat{\sigma}_+ \mid x$ 估计得到,图中带状区被定义在 $\hat{y} \mid x - \hat{\sigma}_- \mid x$ 和 $\hat{y} \mid x + \hat{\sigma}_+ \mid x$ 内。在两图中我们难以找到非恒定分布的证据,但图 4.14(b)却暗示了分布略微右偏,这是因为在 x 的大部分值域范围内,相比上边缘 $\hat{y} \mid x + \hat{\sigma}_+ \mid x$ 拟合回归函数 $\hat{y} \mid x$ 显得更靠近下边缘曲线 $\hat{y} \mid x - \hat{\sigma}_- \mid x$ 的缘故。

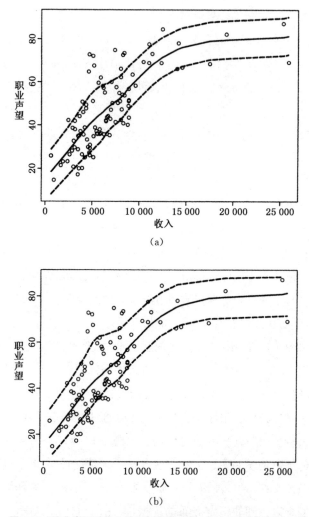

（a）

（b）

图 4.14　职业声望对收入的局部线性回归（实线）以及距离拟合线±1标准差（虚线）。在（a）中，标准差是通过对残差平方关于收入做核平滑得到的。在（b）中，正残差平方和负残差平方分别被平滑。在所有例子中，平滑法的跨距为 $s = 0.6$。

第 6 节 | **平滑时间序列数据** *

　　平滑散点图的一个常见应用是时间序列数据,其中预测变量是时间,且观测等距间隔分布。这里我们隐含地使用模型

$$y_t = f(t) + \varepsilon_t$$

其中时间点 $t=1, 2, \cdots, n$。回归函数 $f(t)$ 代表反应变量 y 的趋势,而误差 ε_t 代表对趋势的偏离。由于误差 ε_t 按照时间排列,假设它们之间相互独立通常就会显得不太合理。

　　为了更简洁明了地解释这一问题,假设误差项服从一阶自回归过程(first-order autoregressive process)

$$\varepsilon_t = \rho \varepsilon_{t-1} + v_t$$

其中 ε_{t-1} 为前一个时间点的误差项,$|\rho| < 1$,且 v_t 为具有 0 均值和恒定方差的独立的"扰动项"。ρ 表示 ε_t 与 ε_{t-1} 之间的自相关(autocorrelation)。我将描述的结果在性质上也同样适用于更复杂的误差生成过程。

　　回想一下在第 4 章第 3 节中,当误差相互独立时,在焦点值 x_0 处应用局部线性回归法的最优带宽为(重复方程 4.3):

$$h^*(x_0) = \left[\frac{a_K^2}{s_K^4} \times \frac{\sigma^2}{np(x_0)\left[f''(x_0)\right]^2} \right]^{1/5}$$

其中常数 a_K^2 和 s_K^4 为核函数的自身属性。较小的误差方差 (σ^2)，较大的 n，数据密集的区域[较大的 $p(x_0)$]，以及一个不平坦的回归函数[较大的 $f''(x_0)$]都使我们更倾向于使用较小的带宽。对于时间序列数据而言，除了数据密度 $p(t)$ 是恒定的之外，其他因素亦会出现类似的情况。

当误差项服从一阶自回归过程时，在焦点时间点 t_0 的最佳带宽为[8]

$$h^*(t_0; \rho) = \left(\frac{2}{1-\rho} - 1\right)^{1/5} h^*(t_0)$$

因此与误差不相关的数据相比，正自相关的误差 $(\rho > 0)$ 需要更大的带宽（负自相关的误差则需要更小的带宽）。这一结果在直观上是合理的，因为误差间的正自相关会导致数据中周期性的平滑，进而对趋势 $f(t)$ 产生误导。

上文的讨论预先假定了关于误差自相关 ρ 的知识。如果我们不知道 ρ，正如实际应用中的普遍情况一样，那就需要从数据中估计它。在参数时间序列回归中，我们一开始就有关于 $f(t)$ 的形式以及未知参数的知识（或者假设我们有这一知识），那么我们就可以对数据拟合初步模型并从残差中估计 ρ。然而在非参数回归中（例如，见 Fox，1997；第 14.1 节；Ostrom，1990），ρ 是辨识不足的（或者说，不确定的），因为残差间的自相关主要取决于初步非参数回归估计中的带宽，而被估计出来的"最优"跨距则主要取决于对 ρ 的估计。

换句话说，如果不具备关于 ρ 的知识或者其他同等关键的前提信息，我们就不能区分数据的平滑性是来源于回归函数 $f(t)$ 的趋势性还是由于误差间的自相关 ρ。同时，由于模型 $y_t = f(t) + \varepsilon_t$ 通常只是为了描述数据，很难有好的方法来解决这一不确定性。选择特定的平滑参数以达到在视觉上

良好地拟合数据与使用一些更加复杂的方法（例如，Bowmen
& Azzalini，1997；第 7 章）同样合乎情理，其中后者试图通过
设定一些可信的假设以便在趋势和自相关之间进行权衡。

图 4.15 显示了从 1960 年到 1996 年间多伦多市区每年
每百万居民的谋杀率。该图在几种不同跨距[9]上给出了对
数据的最近邻局部二次项拟合。图 4.15(a)使用 0.2 跨距的
拟合几乎插补了数据；图 4.15(b)使用 0.6 跨距的拟合似乎更
好地权衡了平滑度与细节；图 4.15(c)跨距为 1.0 的拟合显得
平滑过度；而图 4.15(d)的全局二次项最小二乘拟合，对应无
限大的跨距，则歪曲了数据中的趋势（图中存在的一个明显
的异常值年份——1991 年——表明应当使用稳健拟合。同
时应当注意到局部多项式回归并不能很好地捕捉到在 1971
年左右谋杀率的明显波动）。

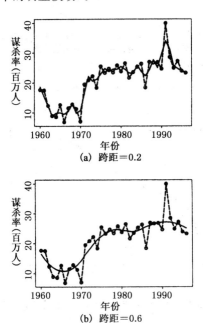

(a) 跨距＝0.2

(b) 跨距＝0.6

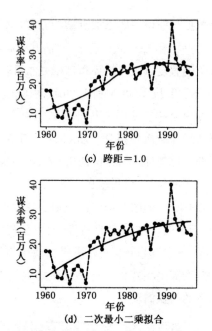

(c) 跨距＝1.0

(d) 二次最小二乘拟合

图 4.15 实线显示对多伦多谋杀率数据的不同的局部二次方拟合:(a)跨距＝0.2;(b)跨距＝0.6;(c)跨距＝1.0;(d)全局二次方最小二乘拟合(即采用无限大的跨距)。

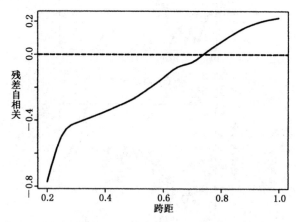

图 4.16 残差自相关作为跨距的函数,对多伦多谋杀率数据的局部二次拟合。

图 4.16 绘出了残差自相关

$$\hat{\rho} = \frac{\sum\limits_{i=2}^{n} e_t e_{t-1}}{\sum\limits_{i=1}^{n} e_t^2}$$

作为跨距的函数，表明自相关如何主要取决于跨距的大小。对于较小的跨距，残差自相关较大且为负数；对于中等大小的跨距接近于零；对于较大的跨距残差自相关较小但为正数。对于全局二次方最小二乘拟合（图 4.16 中未显示），$\hat{\rho} = 0.273$。

第**5**章

局部多项式回归中的统计推断

在参数回归中——例如，在最小二乘回归中——估计的中心目标是回归系数。统计推断自然地会关注这些系数，通常采用置信区间和假设检验的形式。相比而言，非参数回归中并不存在回归系数。因为非参数回归估计的中心目标是回归函数，而统计推断直接关注回归函数本身。

很多只有一个预测变量的非参数回归仅仅把对散点图进行视觉上的平滑作为目标。在这种情况下，统计推断最多只产生次要的影响。在非参数多元回归中统计推断将变得较为重要（见本书的姊妹篇，Fox，刊印中）。

本部分讨论了对仅有一个预测变量的局部多项式回归进行统计推断的几种视角。我将从解释如何为回归函数构建置信包迹开始。之后我提出一种假设检验的简单方法，它类似于最小二乘法回归中的假设检验程序。最后我考察了这些相对简单方法背后的统计理论，并进一步讨论了一些替代方法，如对数据的经验再抽样。

第 1 节 | **置信包迹**

考虑关于回归函数 $f(x)$ 的局部多项式估计 $\hat{f}(x) = \hat{y} \mid x$。为了便于书写,我假设回归函数是在被观测到的预测值 $x_1, x_2, \cdots, x_n$ 上估计的,尽管这一思路适用于更一般的情形。

拟合值 $\hat{y}_i = \hat{y} \mid x_i$ 由 y 对 x 值局部加权最小二乘法回归得到。因此拟合值是观测值加权后求和的结果(本处以及其他结果可见本章第 3 节):

$$\hat{y}_i = \sum_{j=1}^{n} s_{ij} y_j$$

其中权重 s_{ij} 是 x 值的函数(当使用稳健性迭代时情况会变得复杂,因为此时权重同时也取决于 y 值)。例如,对于三次方权重函数,任何落在焦点 x_i 邻域之外的观测的 s_{ij} 为 0。由于(基于假定条件)$y_i s$ 具有相同的条件方差 $V(y \mid x = x_i) = V(y_i) = \sigma^2$ 且独立分布,拟合值 $\hat{y}_i$ 的抽样方差为:

$$V(\hat{y}_i) = \sigma^2 \sum_{j=1}^{n} s_{ij}^2$$

为了应用这一结果,我们需要估计 σ^2。在线性最小二乘简单回归中,我们对误差方差做如下估计:

$$S^2 = \frac{\sum e_i^2}{n-2}$$

其中 $e_i = y_i - \hat{y}_i$ 为观测 i 的残差，$n-2$ 为残差平方和的自由度。由于要估计两个回归参数——截距 α 和斜率 β，我们会"损失"两个自由度。

我们可以类比相似的方法来计算非参数回归中的残差，即 $e_i = y_i - \hat{y}_i$，其中拟合值 $\hat{y}_i$ 来自非参数回归。为了实现类比，我们在模型中需要相同数目的参数或相等的自由度，df_{mod}（如本章第 3 节所述），从中我们可以得到残差自由度 $df_{\text{res}} = n - df_{\text{mod}}$。于是有估计误差方差为：

$$S^2 = \frac{\sum e_i^2}{df_{\text{res}}}$$

同时，在 $x = x_i$ 处拟合值 $\hat{y}_i$ 的估计方差为

$$\hat{V}(\hat{y}_i) = S^2 \sum_{j=1}^{n} s_{ij}^2 \qquad [5.1]$$

假设我们有正态分布的误差和足够大的样本，则关于 $E(y \mid x_i) = f(x_i)$ 的 95% 的置信区间约为：

$$\hat{y}_i \pm 2 \sqrt{\hat{V}(\hat{y}_i)} \qquad [5.2]$$

将 $x = x_1, x_2, \cdots, x_n$ 的置信区间组合在一起就得到回归函数的逐点 95% 置信带(confidence band)或置信包迹(confidence envelope)。在逐点置信带中，置信度分别适用于每一个 x_i。为回归函数整体构建联立(simultaneous)置信带则更加困难，也缺乏实用性。

图 5.1 显示了在加拿大职业声望数据中对声望关于收入

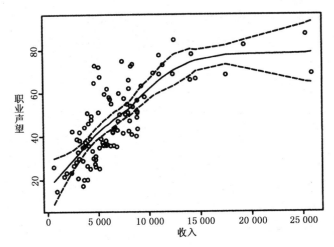

图 5.1　职业声望对收入的局部线性回归,图中显示了逐点 **95%** 置信包迹,用于平滑的跨距为 $s = 0.6$。

应用局部线性回归的例子(其中跨距 $s = 0.6$)。其中 $df_{mod} = 5.0$ 而 $S^2 = \dfrac{12\,004.72}{102 - 5.0} = 123.76$。因此非参数回归曲线使用相当于 5 个参数——大约等同于四次多项式。应当注意到以下两点:

　　1. 尽管局部线性拟合使用等价于 5 个参数,它并不得到与对数据在全局上拟合四次多项式相同的回归曲线。

　　2. 在这个例子中,等价参数的数目正好可以四舍五入到整数,但这只是本例中的巧合,而非普遍情况。

尽管这一构建置信带的步骤具有简约性的优点,但它并不完全准确,其原因在于作为对 $E(y \mid x)$ 的估计值 $\hat{y} \mid x$ 是有偏的。如果我们能够明智地选择跨距和局部多项式估计量的阶次，这一偏误就会比较小。$\hat{y} \mid x$ 的偏误会带来以下结果：

- S^2 会有向上的偏误，导致对误差方差过大的估计并使得置信区间过宽。鲍曼和阿扎利尼（Bowman & Azzalini，1997：第4.3节）描述了估计误差方差 σ^2 的替代方法。
- 通常置信区间的中心会落在错误的位置上。

这些误差倾向于相互抵消。因为 $\hat{y} \mid x$ 是有偏的，所以对通过方程5.2构建的样本回归包迹区域更准确的描述应为"变异带"（variability band）而非"置信带"。

第 2 节 | **假设检验**

在线性最小二乘回归中,对假设的 F 检验是通过比较可替代的嵌套模型实现的。两个模型嵌套是指,两个模型中更具体的模型是另一个更一般化模型的特例。例如,在最小二乘线性简单回归中,自由度为 $1, n-2$ 的 F 统计量为:

$$F = \frac{\text{TSS} - \text{RSS}}{\text{RSS}/(n-2)}$$

这被用来检验 y 和 x 之间没有线性关系这一假设。这里,总平方和 $\text{TSS} = \sum (y_i - \overline{y})^2$ 代表"无关系"零模型 $y_i = \alpha + \varepsilon_i$ 中 y 的总变异性,残差平方和 $\text{RSS} = \sum (y_i - \hat{y}_i)^2$ 代表给定 y 和 x 线性关系条件下 y 的变异性,它是基于由模型 $y_i = \alpha + \beta x_i + \varepsilon_i$ 得到的残差。由于零模型是线性模型 $\beta = 0$ 时的特例,因此这两个模型是相互嵌套的。

一个类似的但更具有一般性的对非参数回归模型"无关系"假设的 F 检验为:

$$F = \frac{(\text{TSS} - \text{RSS})/(df_{\text{mod}} - 1)}{\text{RSS}/df_{\text{res}}} \qquad [5.3]$$

其中 $df_{\text{mod}} - 1$ 和 $df_{\text{res}} = n - df_{\text{mod}}$ 为自由度。这里 RSS 代表非参数回归模型的残差平方和。将其应用到声望对收入的局部线性回归,其中 $n = 102$,TSS$= 29\,895.43$,RSS$= 12\,004.72$ 以及 $df_{mod} = 5.0$,我们有

$$F = \frac{(29\,895.43 - 12\,004.72)/(5.0 - 1)}{12\,004.72/(102 - 5.0)} = 36.14$$

这里自由度为 $5.0 - 1 = 4.0$ 和 $102 - 5.0 = 97.0$。因为得到的 p 值远小于 0.0001,我们有充分的理由认为职业声望与职业收入之间不存在关系这一零假设是错误的。

对非线性的检验仅仅需要构建对非参数回归模型与线性简单回归的模型的比较。由于线性关系是潜在为非线性的更加一般性的关系的特例,模型恰好是相互嵌套的。用 RSS$_0$ 和 RSS$_1$ 来分别表示线性模型和更一般性的非参数回归模型中的残差平方和,我们有

$$F = \frac{(\text{RSS}_0 - \text{RSS}_1)/(df_{mod} - 2)}{\text{RSS}_1/df_{res}}$$

其中自由度为 $df_{mod} - 2$ 和 $df_{res} = n - df_{mod}$。检验根据这一原则所构建:两个模型中更加一般化的模型——这里即指非参数回归模型——被用来估计误差方差,$S^2 = \text{RSS}_1/df_{res}$。在职业声望对收入的回归的例子中,RSS$_0 = 14\,616.17$,RSS$_1 = 12\,004.72$,$df_{mod} = 5.0$;由此

$$F = \frac{(14\,616.17 - 12\,004.72)/(5.0 - 2)}{12\,004.72/(102 - 5.0)} = 7.03$$

其中 $5.0 - 2 = 3.0$ 以及 $102 - 5.0 = 97.0$ 为自由度。相应的 p 值为 0.0003 表明两个变量之间存在显著的非线性关系。

第 3 节 │ 一些统计学细节和替代的统计推断步骤 *

平滑矩阵与 $\hat{y}$ 的方差

如本章第 1 节所述,局部多项式回归中的拟合值 $\hat{y}_i$ 是被观测到的 y 值的加权总和:

$$\hat{y}_i = \sum_{j=1}^{n} s_{ij} y_j$$

让我们将所有的权数 s_{ij} 汇总至平滑矩阵(smoother matrix)

$$\boldsymbol{S}_{(n \times n)} = \begin{bmatrix} s_{11} & s_{12} & \cdots & s_{1i} & \cdots & s_{1n} \\ s_{21} & s_{22} & \cdots & s_{2i} & \cdots & s_{2n} \\ \vdots & \vdots & \ddots & \vdots & & \vdots \\ s_{i1} & s_{i2} & \cdots & s_{ii} & \cdots & s_{in} \\ \vdots & \vdots & & \vdots & \ddots & \vdots \\ s_{n1} & s_{n2} & \cdots & s_{ni} & \cdots & s_{nn} \end{bmatrix}$$

则有

$$\hat{\boldsymbol{y}}_{(n \times 1)} = \boldsymbol{S} \boldsymbol{y}_{(n \times 1)}$$

其中 $\hat{\boldsymbol{y}} = [\hat{y}_1, \hat{y}_2, \cdots, \hat{y}_n]'$ 为拟合值的列向量,$\boldsymbol{y} = [y_1, y_2, \cdots, y_n]'$ 为观测响应变量的列向量。

拟合值的协方差矩阵为:

$$V(\hat{y}) = SV(y)S' = \sigma^2 SS' \qquad [5.4]$$

这一结果的前提假设为 y_i 的条件方差是恒定的(σ^2)以及观测值相互独立,亦即 $V(y) = \sigma^2 I_n$(其中 I_n 为 n 阶单位矩阵)。关于方差 $\hat{y}_i$ 的方程 5.1 即 $V(\hat{y})$ 第 i 个对角线元素的扩展。

回想一下线性回归模型可以被写成 $y = X\beta + \varepsilon$,其中 X 是模型预测变量矩阵,β 是要被估计的回归参数向量,ε 为误差向量。非参数回归的平滑矩阵 S 在决定局部回归估计量的统计性质上扮演重要角色。它的重要性正如同线性最小二乘回归中的帽子矩阵 $H = X(X'X)^{-1}X'$,后者被如此命名是因为 H 将观测值投影到预测变量空间来得到拟合值,$\hat{y} = Hy$,从而给 y 戴上了"帽子"(如 Fox, 1991)。线性最小二乘回归的残差为:

$$e = y - \hat{y} = (I_n - H)y$$

局部回归中类似的表达为:

$$e = y - \hat{y} = (I_n - S)y$$

为确定平滑矩阵 S,回想 $\hat{y}_i$ 来自 y 对 x 的局部加权多项式回归,

$$
\begin{aligned}
y_j = a_i + b_{1i}(x_j - x_i) + b_{2i}(x_j - x_i)^2 + \cdots \\
+ b_{pi}(x_j - x_i)^p + e_{ji}
\end{aligned}
$$

其中权重 $w_{ji} = K[(x_j - x_i)/h]$ 随着离焦点 x_i 距离的增加而下降。我们选择能够使 $\sum_{j=1}^{n} w_{ji}^2 e_{ji}^2$ 最小的局部回归系数。拟合值 $\hat{y}_i$ 即回归的常数项 a_i。用矩阵形式表达,局部回归

可以写成：

$$y = X_i b_i + e_i$$

模型矩阵 X_i 包含局部回归方程的预测变量（包括全为"1"的常数项的首列），而回归系数向量 b_i 则包含全部回归系数。

定义核权重的对角矩阵 $W_i = \text{diag}\{w_{ji}\}$，则局部回归的系数为：

$$b_i = (X_i' W_i X_i)^{-1} X_i' W_i y$$

其中平滑矩阵的第 i 行为矩阵 $(X_i' W_i X_i)^{-1} X_i' W_i$ 的首行（即决定常数项 $a_i = \hat{y}_i$ 的一行）。为构造 S 我们需要对 $i = 1$，2，$\cdots$，n 重复这一过程。

自由度

在线性最小二乘回归中，模型的自由度可由不同但等价的方式定义。其中最直接地，假设模型矩阵 X 为列满秩，模型自由度就等于预测变量 k 的数目（包括回归截距）。模型的自由度同时也等于：

- 投影矩阵 H 的秩和迹（即对角线元素的和）；
- 矩阵 HH' 的迹；
- 矩阵 $2H - HH'$ 的迹。

这些替代表述前设这一事实：帽子矩阵是对称并且等幂的，即 $H = H'$ 及 $H = HH$。由于 $I_n - H$ 将 y 投影到 X 列空间的正交补以获得残差 $e = (I_n - H)y$，最小二乘线性回归中误差的自由度为：

$$df_{res} = 秩(I_n - H) = 迹(I_n - H) = n - 迹(H)$$

作为类比，局部回归模型的自由度可通过将帽子矩阵 H 替换成平滑矩阵 S 得到。然而这一类比并不完善，因为通常 $迹(S) \neq 迹(SS') \neq 迹(2S - SS')$。

- 鉴于计算上的方便，定义 $df_{mod} = 迹(S)$ 是一个很有吸引力的想法。
- 在线性模型中，模型的自由度等于拟合值方差的总和除以误差方差：

$$\frac{\sum_{i=1}^{n} V(\hat{y}_i)}{\sigma^2} = k$$

这里有（根据方程 5.4），

$$\frac{\sum_{i=1}^{n} V(\hat{y}_i)}{\sigma^2} = 迹(SS')$$

因此有定义 $df_{mod} = 迹(SS')$。

- 局部多项式回归中残差平方和的数学期望为（见 Hastie & Tibshirani, 1990：第 3.4 节和第 3.5 节）

$$E(RSS) = \sigma^2 [n - 迹(2S - SS')] + 偏误^2$$

其中 $偏误^2 = \sum_{i=1}^{n} [E(\hat{y}_i) - f(x_i)]^2$ 为 x 观测值上所估计局部回归的累计偏误。如果偏误是可忽略的，则 $RSS/[n - 迹(2S - SS')]$ 为误差方差 σ^2 的估计量，暗示 $n - 迹(2S - SS')$ 是误差自由度的一个合适的定义且 $df_{mod} = 迹(2S - SS')$。最后这个定义在理论上很可能是最有吸引力的,但却相对较难计算。黑斯蒂和提普希拉尼(Hastie & Tibshirani, 1990:第 3.5 节)展示了在迹$(2S - SS')$和迹(S)之间存在的简单关系,通过这一关系,后者能被用来估计前者。本文举例中所使用的软件即采用了这一方法。[10]

关于这些问题的更进一步的讨论可参见黑斯蒂和提普希拉尼(Hastie & Tibshirani, 1990:第 3.5 节)以及克利夫兰、格罗斯和许(Cleveland, Grosse & Shyu, 1992:第 8.4.1 节)。黑斯蒂和提普希拉尼(Hastie & Tibshirani, 1990:第 3.8 节和第 3.9 节)展示了通过在计算 p 值时如何调整自由度以使增量 F 检验的结果更加准确。使用计算误差边距中的 t 分布,类似的方法亦能被用来改进回归曲线置信带的表现。

附加说明

本章节描述的统计推断方法有赖于对非参数平滑和线性最小二乘法回归之间的类比。这一方法在实际操作中虽然看起来表现良好,但对我而言它缺乏深层次的理论依据作为支持。一个更加复杂的替代方法是基于误差正态分布的假设得到假设检验统计量的近似的分布。这里的讨论依照鲍曼和阿扎利尼(Bowman & Azzalini, 1997:第 5 章)。

例如,我们考虑如第 5 章第 2 节所描述的一个普通的对"无关系"的检验。这里我们对比两个模型:一个更具有一般性的非参数模型,它的残差平方和为:

$$\text{RSS}_1 = y'(I_n - S)'(I_n - S)y = y'Ay$$

以及一个更具体的零模型,它的残差平方和为:

$$\mathrm{RSS}_0 = \boldsymbol{y}'(\boldsymbol{I}_n - \boldsymbol{H}_0)'(\boldsymbol{I}_n - \boldsymbol{H}_0)\boldsymbol{y} = \boldsymbol{y}'(\boldsymbol{I}_n - \boldsymbol{H}_0)\boldsymbol{y}$$

在零模型中,每个观测的拟合值即为 $\bar{y}$,相应的帽子矩阵 $\boldsymbol{H}_0 = \{1/n\}_{(n \times n)}$。 此时用来检验零假设的平方和为:

$$\mathrm{RSS}_0 - \mathrm{RSS}_1 = \boldsymbol{y}'[\boldsymbol{I}_n - \boldsymbol{H}_0 - (\boldsymbol{I}_n - \boldsymbol{S})'(\boldsymbol{I}_n - \boldsymbol{S})]\boldsymbol{y} = \boldsymbol{y}'\boldsymbol{B}\boldsymbol{y}$$

进而有检验统计量:

$$T = \frac{\mathrm{RSS}_0 - \mathrm{RSS}_1}{\mathrm{RSS}_0} = \frac{\boldsymbol{y}'\boldsymbol{B}\boldsymbol{y}}{\boldsymbol{y}'\boldsymbol{A}\boldsymbol{y}} \qquad [5.5]$$

注意,RSS_0 即 y 的总平方和,从而检验统计量 T 即非参数回归的 R^2;此处列出的仅为零假设为"无关系"的情形。假定这一假设为真并使 T^* 代表检验统计量的取值,则有:

$$p = \Pr\left(\frac{\boldsymbol{y}'\boldsymbol{B}\boldsymbol{y}}{\boldsymbol{y}'\boldsymbol{A}\boldsymbol{y}} > T^*\right) = \Pr[\boldsymbol{y}'(\boldsymbol{B} - T^*\boldsymbol{A})\boldsymbol{y} > 0]$$

此处概率要求对称矩阵 $\boldsymbol{B} - T^*\boldsymbol{A}$ 的二次型,这一情形在 y 为正态分布时很好理解。鲍曼和阿扎利尼(Bowman & Azzalini, 1997:第 5 章)描述了应如何计算或近似估计 p。排除忽略自由度之外,T 统计量即等于由方程 5.3 给出的检验"无关系"的 F 统计量。

使用 Bootstrap 方法估计置信带

Bootstrap 方法通过从观测数据中随机再抽样给出了统计推断的一种普遍方法。因为不需要关于分布的强假定,以及能够适用于一些难以得到分析结果的场合,Bootstrap 被认为是一种很有吸引力的方法。然而，在具体执行上，由于 Bootstrap 通常会用蛮力计算代替理论推导，这种方法的缺点是需要非常大的计算量和自定义编程。

为了执行 Bootstrap，我们将样本看做总体并采用放回抽样方法随机从数据中抽取 n 个观测并得到对 Bootstrap 样本的估计值。我们对这一过程进行多次重复，并对每一次 Bootstrap 重复计算估计值。在这里放回抽样是必要的，否则我们就将仅仅简单复制原始样本。放回抽样的一个结果是有些观测通常会多次出现而其他观测则一次都不出现。

Bootstrap 方法的中心类比假设是 Bootstrap 样本之于原始样本正如原始样本之于总体。因此，通过研究当我们重复抽样时 Bootstrap 估计值的表现，我们希望了解在原始样本中所使用统计量的抽样分布。

上面的描述假定数据为来自总体的随机独立样本。如果使用了其他的抽样方案，那么它应当被反映在对 Bootstrap 样本的选择上。最重要的要求是从样本中选择 Bootstrap 样本要与从总体中选择样本一致——这是 Bootstrap 中心类比的主要推论。

对于回归数据，Bootstrap 法重复抽取 x，y 配对，

$$\{x_1^*, y_1^*\}, \{x_2^*, y_2^*\}, \cdots, \{x_n^*, y_n^*\}$$

其中星号提醒我们，$\{x_1^*, y_1^*\}$ 一般不是原始样本中的第一个观测，而仅仅是第一个随机抽取的案例。我们进一步对 Bootstrap 样本拟合非参数回归，在一些 x 预设值上取得拟合值，如在原有的 x_i 上：$\hat{y}^* \mid x_1$，$\hat{y}^* \mid x_2$，$\cdots$，$\hat{y}^* \mid x_n$。为了节省空间，我们将 $\hat{y}^* \mid x_i$ 写成 $\hat{y}^*$。

现在将全部过程重复 B 次，每一次选择一个 Bootstrap 样本来重新计算非参数回归。第 b 个这样的样本会得出拟合值 $\hat{y}_{b1}^{*}$, $\hat{y}_{b2}^{*}$, …, $\hat{y}_{bm}^{*}$。为了构建置信区间，B 应当足够大——如 1 000 或 2 000。

图 5.2 显示了职业声望对收入回归局部线性拟合的 50 次 Bootstrap 重复。Bootstrap 回归的变异性带来了类似在局部回归过程中抽样方差的感觉。

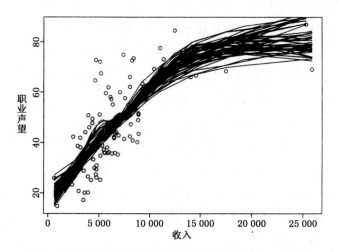

图 5.2 职业声望对收入局部线性回归的 50 次 Bootstrap 重复，其中跨距 $s = 0.6$。

这一过程间接地将 x 值看成随机而非固定的。然而 Bootstrap 方法同样能够适用于固定 x 的再抽样。即便当 x 被认为是固定的（如在一个实验中），对 xy 配对进行再抽样依然具有一些优势。例如，可参见埃弗龙和提普希拉尼 (Efron & Tibshirani, 1993：第 9.5 节) 以及斯泰恩 (Stine, 1990) 关于在固定与随机 x 回归中 Bootstrap 再抽样的进一步讨论。

　　一个获得 $E(y \mid x_i)$ 即 x_i 处的回归曲线的置信区间的简单方法如下：对 $\hat{y}_i^*$ 的 B 次 Bootstrap 重复结果，将这些值从小到大排列为 $\hat{y}_{(1)i}^*$，$\hat{y}_{(2)i}^*$，$\cdots$，$\hat{y}_{(B)i}^*$。为简单起见，假设我们想得到一个 95％ 置信区间且 $B = 1\,000$，则百分位置信区间的端点为 $\hat{y}_{(25)i}^*$ 和 $\hat{y}_{(975)i}^*$，它们描绘出 $\hat{y}_i^*$ 分布的 2.5 和 97.5 百分位。我们需要在被估计的回归上的每一点重复这一计算，并将结果汇总为非参数回归的 95％ 逐点置信包迹。

　　图 5.3 显示了基于 $B = 2\,000$ 次 Bootstrap 重复的职业声望对收入回归的 95％ Bootstrap 置信带。这里的 Bootstrap 置信带与先前由图 5.1 给出的标准 95％ 置信带较为相似。[11]

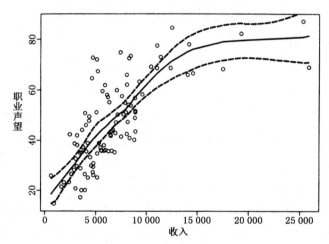

图 5.3　职业声望对收入局部线性回归的 95％ Bootstrap 百分位置信包迹。平滑跨距为 $s = 0.6$，Bootstrap 重复次数为 $B = 2\,000$。

　　百分位区间没有将局部回归估计量的偏误考虑在内。其他一些在形式上更加复杂的 Bootstrap 方法能够对偏误进行调整。对 Bootstrap 方法更广泛的讨论能够在许多文献中找到,其中包括埃弗龙和提普希拉尼(Efron & Tibshirani,1993)、福克斯(Fox,1997:第 6.1 节)、穆尼和杜瓦尔(Mooney & Duval,1993)以及斯泰恩(Stine,1990)的著作。

随机化检验

类似于 Bootstrap 方法,随机化检验是一种经验性的统计推断方法。随机化检验适用于非参数回归中特定类型的假设,如 y 和 x 无关系的零假设。如果这一假设是正确的,那么给定 x,y 的条件均值 $E(y \mid x)$ 在任何地方都将是相同的。例如,若给定 x 后 y 的条件分布不随 x 变化,即 xy 取值配对 $\{x_i, y_i\}$ 在本质上为任意给定时,我们即倾向于认为零假设为真。

追随这一洞见,假设我们通过计算一种检验统计量,如关于零假设的 T 值(方程 5.5)来估计数据偏离 H_0 的程度。将这一检验统计量的观测值称做 T^*。[12] 这时让我们对数据进行排列——对 x 和 y 取值任意配对——以得到一个新的数据集 $\{x_i, y_i^*\}$。我们进一步对排列组合后的数据拟合非参数回归,并计算检验统计量的值。

如果 n 很小,那么我们就能够构建全部 $M = n!$ 种数据的排列,并对每一种排列重新计算回归及检验统计量。由所有排列后数据得到关于 T 值的分布即为假定零假设为真时的检验统计量的经验抽样分布。因此,这一检验中的 p 值即为在 T 的经验抽样分布上大于观测值 T^* 的检验统计值的比例:

$$p = \frac{\#_{r=1}^{M}(T_r > T^*)}{M} \qquad [5.6]$$

其中算符 $\#$ 用来记录不等式成立的次数。

除非 n 非常小，列出全部 xy 配对的排列并不现实。一种有效的替代方法是抽取相对大数目的排列并计算这一排列—检验 p 值的估计值。这一过程被称做随机化检验。[13]

图 5.4 展示了基于零假设为在加拿大职业声望数据中职业声望与收入无关系的 T 检验统计量的随机化抽样分布。

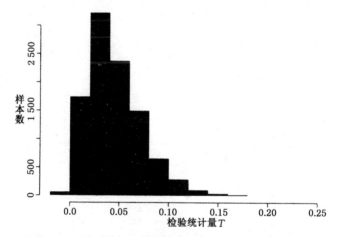

图 5.4　关于零假设为职业声望与收入无关系的 T 检验统计量的随机化分布，基于对数据的 **10 000** 种排列及跨距为 **0.6** 的局部线性回归。检验统计量的观测值 $T^* = 0.597$ 大于图中全部 **10 000** 个取值。

检验统计量观测值为 $T^* = 0.597$，该值大于全部 10 000 次随机排列所得到数据集中的 T 值。因此，随机化检验的 p 估计值为 $\hat{p} = 0/10\,000 = 0$，这与从标准"无关系"F 检验中我们计算得到的 p 值基本一致。

排列检验最早出现在费希尔（Fisher，1935）关于实验设计的经典文本中。这里关于排列检验(基于数据的全部不同排列)和随机性检验(基于从排列总体中重复随机抽样)在术语上的区分并无公认的标准,但我认为区分它们至少是有帮助的。更进一步的关于随机性与排列检验的细节讨论可见埃金顿(Edgington,1987)的著作。

第**6**章

样 条*

　　样条是指仅在节点处平滑连接的分段多项式函数。传统上样条被用于插值，但它也可被用于参数与非参数回归。由于大多数应用中会用到立方样条，这里我将主要对这一情形进行讨论。

　　除了提供一个局部多项式回归的替代方案之外，本章第2节中介绍的平滑样条也是可加回归模型、投影寻踪回归以及广义可加模型的组成部分，全部这些应用在本书的姊妹篇中有所介绍（Fox，刊印中）。

第 1 节 ｜ 回归样条

对简单回归进行建模的方法之一是拟合一个 x 的相对高阶的多项式：

$$y_i = \alpha + \beta_1 x_i + \beta_2 x_i^2 + \cdots + \beta_p x_i^p + \varepsilon_i$$

它能够广泛地捕捉到不同形式的关系。然而一般的多项式拟合是高度非局部的：正如我们所熟悉的线性最小二乘法回归，在一个区域的数据能够明显地影响到对远离该区域数据的拟合。

同样，对高阶多项式的估计也会受制于明显的抽样变异。一个运用立方多项式对职业声望关于收入回归的例子可见于图 6.1(a)。这里立方拟合的表现相当好，尽管拟合曲线在数据的最右端似乎出现了人为的下降趋势。

或者，我们可以将数据分隔成不同的箱，继而在每个箱中拟合不同的多项式回归——这是对装箱法和平均化想法（第 2 章中所介绍的）的推广。这一方法的不足之处在于，在不同箱中的拟合曲线几乎必然是不连续的，如图 6.1(b)中显示了基于职业声望数据在两个边界为 10 000 美元的箱中使用立方回归的例子。

三次方回归样条（cubic regression spline）在每一个箱中

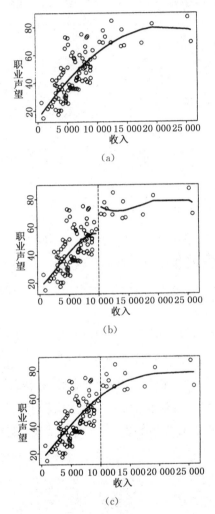

图 6.1　对加拿大职业声望数据的多项式拟合：(a)一个全局三次方拟合；(b)在两个由收入 10 000 所分隔的箱中独立进行三次方拟合；(c)一个自然三次方样条，节点为收入＝10 000。

拟合一个三阶多项式并满足额外的约束条件：曲线在箱边缘
（节点）处相互联结且其一阶与二阶导数（即回归函数的斜率
和曲率）在节点处是连续的。通过这种方式对导数进行匹配
即得到一条平滑的曲线。

　　自然三次方回归样条（natural cubic regression spline）在
数据的边界上添加了节点，同时增加了额外的条件：超出末
端节点之外拟合是线性的。这一条件能够在一定程度上避
免拟合在数据末端附近出现难以控制的局面。假设有 k 个
"内部的"节点和 2 个边界上的节点将数据分成 $k+1$ 个箱。
每个立方回归使用 4 个参数，在每个内部节点上有 3 个约束
条件[14]，加上在末端节点之外的两个额外的线性约束，总共
得到 $4(k+1)-3k-2=k+2$ 个独立的参数。

　　当节点的取值固定时，一个回归样条即为一个线性模型
（也就是说，能够通过线性最小二乘法回归拟合），因而给出
了一种对数据完全参数化的拟合。然而，实际应用这一方法
的难度在于，决定需要多少个节点以及它们具体应该被置于
何处。

　　图 6.1(c)展示了对加拿大职业声望数据拟合自然三次
方回归样条的结果。图中共有 1 个节点位于收入＝10 000
处，这一位置由考察散点图得到，从而模型仅用到 3 个参数。

第 2 节 | 平滑样条

与回归样条相对比,平滑样条产生于解决如下非参数回归中的问题:找到具有两处能使惩罚平方和(penalized sum of squares)最小化的连续导数的函数 $\hat{f}(x)$,

$$\mathrm{SS}^{*}(h) = \sum_{i=1}^{n} [y_i - f(x_i)]^2 + h \int_{x_{\min}}^{x_{\max}} [f''(x)]^2 \mathrm{d}x$$

[6.1]

其中 h 是平滑常数,它类似于核或局部多项式估计量的带宽。

● 方程 6.1 中的第一项为残差平方和。

● 第二项为粗糙性惩罚,当整合的回归函数的二阶导数 $f''(x)$ 较大时,即 $f(x)$ 较为粗糙时,该项取值较大。其中积分端点涵盖数据: $x_{\min} < x_{(1)}$ 及 $x_{\max} > x_{(n)}$。

● 在一个极端上,如果平滑常数被设为 $h = 0$(且如果所有的 x 值相互不同),则 $\hat{f}(x)$ 仅仅会插补数据。

● 在另一个极端上,如果 h 很大,则 $\hat{f}$ 将会被选中以使得 $\hat{f}''(x)$ 在任何地方都为 0,这一情形暗示对数据的全局线性最小二乘法拟合。

令人惊奇的(同时也是相当美妙的)一个事实是:使得方

程 6.1 最小化的函数 $\hat{f}(x)$ 是一个节点位于每一个不同 x 观测值上的自然三次方样条。虽然这一结果似乎暗示需要 n 个参数(当所有的 x 值都不相同时),但粗糙性惩罚对该解决方案增加了额外的条件,通常会明显减少平滑样条所需的参数,并防止 $\hat{f}(x)$ 对数据插值。事实上,我们通常会通过设定等价数目的平滑参数来间接选择平滑常数 h。正如图 6.2 的例子所示,我们将平滑样条与应用相同数目参数(自由度)的局部线性拟合进行比较。相同的考虑恰好同时产生于平滑样条方法中对 h 的选择和在局部多项式方法中对跨距的选择(见第 4 章第 1 节和第 3 节)。

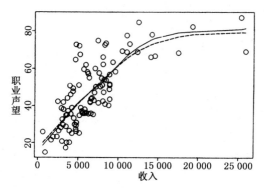

图 6.2 职业声望对收入的非参数回归,基于局部线性回归(实线)和平滑样条(虚线),两者都使用了相当于 **4.3** 个参数。

相比局部多项式平滑法,平滑样条法略具一些优势。两种平滑法都是线性的,即它们都可以被表达成关于适当定义的平滑矩阵 $\boldsymbol{S}$ 的形式 $\hat{\boldsymbol{y}} = \boldsymbol{Sy}$。然而在平滑样条法中,平滑矩阵的表现更好;且当平滑样条被用做可加回归模型的基本元素时,用于拟合模型的修和(backfitting)算法(见 Fox,刊印中:第 3 章)将会有一定程度的收敛,而这一性质在局部多项式回归中并不满足。从不利的一面看,平滑矩阵无法简单地被推广到多元回归中。

　　更多关于平滑样条的内容可以从不同文献中找到,其中最引人瞩目的是格林和西尔弗曼(Green & Silverman, 1994);亦可参考黑斯蒂和提普希拉尼(Hastie & Tibshirani, 1990;第2.9—2.10 节)的著作。

第 3 节 | 等价的核

比较局部多项式估计量和平滑样本等线性平滑法的一种方法是将它们看做核估计量(第 3 章)的变体,其中拟合值为所观测到的响应值的加权平均数。图 6.3 展示了这一方法,图中显示了在加拿大职业声望数据中在两个焦点 x 值上的等价核权数(equivalent kernel weights):其中一个值 $x_{(5)}$ 靠近数据的边界位置;另一个值 $x_{(60)}$ 则位于数据中心位置附近。图中展示了三次方核权重[图 6.3(a)和图 6.3(b)]和关于使用跨距$=0.6$(或等价于 4.3 个参数)的局部线性估计量的等价核权重[图 6.3(c)和图 6.3(d)],以及基于 4.3 个等价参数的平滑样条[图 6.3(e)和图 6.3(f)]。

以上全部三种估计值在数据中段附近使用类似的核,然而在边界附近的位置上尽管局部线性估计值和平滑样条彼此相似,但却与核估计量明显不同。对照这里所遇到的情况,不妨回想我们之前所讨论的:当回归在边界附近斜率较大时,核估计量会产生一定的偏误。要注意的是,在局部多项式回归和平滑样条中等价核权重常常是不对称的,并且有些权重会取到负值。

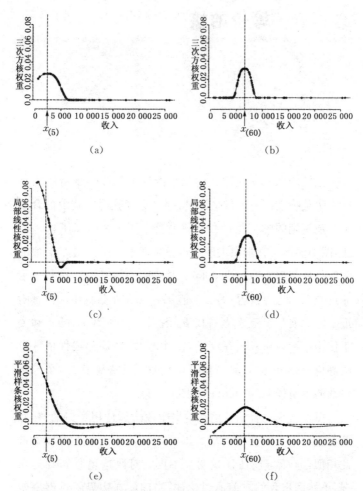

图 6.3　三类职业声望对收入非参数回归估计量中所使用的等价核：(a)和(b)为采用跨距 = 0.6 的最近邻三次方核估计量；(c)和(d)为采用跨距 = 0.6(4.3 个等价参数)的局部线性估计量；(e)和(f)描绘了使用 4.3 个等价参数的平滑样条。图中由箭头所标明的焦点值在(a)、(c)、(e)中为 $x_{(5)}$，在(b)、(d)、(e)中则为 $x_{(60)}$。

第 **7** 章

非参数回归与数据分析

散点图是最重要的数据分析统计图表(参见 Jacoby, 1997)。我很想建议你们将非参数回归曲线加入你们画的每一幅散点图中,因为这种曲线有助于呈现图中两个变量之间的关系。这一提议尽管显得比较夸张——有些散点图,比如分位比较图本身不需要被平滑——但这么讲并不算离谱。

因为散点图适用于数据分析中的很多情形,这里很难穷尽它们所有的用途。因此我将主要关注其中一个与非参数回归紧密相关的问题:发现并解决非线性。正如在简单回归中,非线性在多元回归分析中无处不在。一个解决办法就是使用非参数多元回归,这一方法在本书的姊妹篇(Fox,刊印中)中有所描述。另一个替代的方法是首先拟合一个初步的线性回归,并使用适当的诊断图来侦测对线性的偏离,之后再设定一个新的参数模型来捕捉在诊断中发现的非线性,例如,通过变化其中的一个预测变量。

第 1 节 ｜ **凸出法则**

　　本书中的第一个例子考察了世界上 193 个国家婴儿死亡率与人均 GDP 之间的关系。如图 1.1(a)所示,基于局部线性回归的数据散点图呈现出如下两变量间较强的非线性关系:婴儿死亡率随着 GDP 平滑地下降,但下降的速率迅速递减。对两变量进行对数变换后,如图 1.1(b)所示,这一关系变得几乎为线性。

　　莫斯特勒和图基(Mosteller & Tukey, 1977)建议采用一个系统性的法则——他们将其称为"凸出法则"(bulging rule)——从幂和根式家族中选择线性变换形式,其中变量 x 被替代为幂函数 x^p。例如,当 $p=2$ 时,该变量会被替换为它的平方 x^2;当 $p=-1$ 时,该变量即被替换为它的倒数 $x^{-1}=1/x$;当 $p=1/2$ 时,则该变量将会被替换为它的平方根 $x^{1/2}=\sqrt{x}$;以此类推。这里唯一例外的情况为当 $p=0$ 时,代表对数变换,即 $\log x$,而非 0 次幂。[15]我们不仅限于为 p 选择简单值,但这样做通常有助于理解。

　　幂与根式变换仅仅适用于当全部的 x 值都是正数时;其中一些变换,如平方根和对数,对 x 的负值没有意义。另外一些变换,如 x^2,当一些 x 值为负而另一些为正时则会歪曲 x 的顺序。对此一个简单的办法是使用一个"初始值"——在进行幂变换之前为所有 x 值加上一个常量 c: $x \rightarrow (x+c)^p$。注意，负的幂指数——例如取倒数的变换，x^{-1}——会颠倒 x 值的原有顺序。如果我们想要保持原有顺序，则可以尝试当 p 为负数时进行如下变换 $x \rightarrow - x^p$。

对 x 或 y 的幂变换可以协助将非线性的关系变成简单和单调的线性关系。这两个术语的意义可由图 7.1 来说明：

- 在这里，当变量关系可以被平滑曲线刻画且曲率不改变时，我们认为变量间的关系是简单的。
- 当 y 严格地随 x 递增或递减时，关系是单调的。

因此，在图 7.1(a) 中的变量间关系是既简单又单调的；在图 7.1(b) 中关系单调但非简单，因为曲线的方向先向上后变为向下；在图 7.1(c) 中关系简单但非单调，因为 y 首先随 x 减小之后又增加。

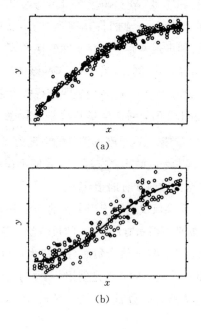

(a)

(b)

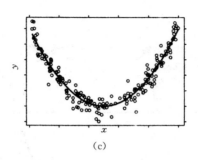

(c)

图 7.1 图(a)中的关系既简单又单调,(b)中单调却非简单,而(c)中简单而非单调。对 x 或 y 的幂转换能够线性化(a)而非(b)或(c)中的关系。

虽然非简单或非单调的非线性关系不能通过幂变换线性化,其他形式的参数回归则或许可行。例如,图 7.1(c)中的关系可以建立 x 的二次方程模型:

$$y = \alpha + \beta_1 x + \beta_2 x^2 + \varepsilon$$

多项式回归模型,例如二次方程,能够通过线性最小二乘法回归来拟合。非线性最小二乘法能够用来拟合甚至更多类型的参数模型(参见 Fox,1997:第 14.2 节)。

图 7.2 显示了莫斯特勒和图基的凸出法则。如图 1.1(a)中的婴儿死亡率数据所示,当凸出部分指向下方和左方时,变量关系能够通过将 x 朝 $\sqrt{x}$,$\log x$,$1/x$ 的方向沿幂阶和根式阶向下移动,或令 y 沿幂阶和根式阶向下移动,或同时进行上述两种变换来实现线性化。当凸出部分指向上方时,我们可使 x 沿幂阶朝 x^2 和 x^3 的方向向上移动;当凸出部分指向右方时,我们则可以将 y 沿幂阶向上移动。具体的线性化变换需由试错法来确定;移动的距离越是远离初始状态,即当 $p = 1$ 时,变换的效果就越强。

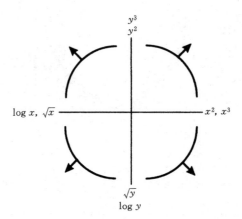

图 7.2　用于定位线性变换的莫斯特勒和图基的凸出法则。凸出部分的方向表明是否要将 x 或 y 沿幂阶和根式阶向上或向下移动。具体变换方法要通过试错法来确定。

在这个例子中,对婴儿死亡率和 GDP 的对数变换在某种程度上过分修正了原有的非线性,产生了较小的指向上方和右方的凸出。尽管如此,变换后的数据的非线性问题相对有所改善,且对两变量使用对数变换后得到了一个简单的解释。图 1.1(b) 中所绘出的最小二乘线如下列方程:

$$\log_{10}(\text{婴儿死亡率}) = 3.06 - 0.493 \times \log_{10} \text{GDP}$$

在这一关系中的斜率 $b = -0.493$,即经济学家所说的弹性:平均而言,人均 GDP 每增加 1% 会带来婴儿死亡率约 0.5% 的下降。

第 2 节 │ **偏残差图**

假设 y 是可加地但并非必然线性地相关于 x_1，x_2，$\cdots$，x_k，则有：

$$y_i = \alpha + f_1(x_{1i}) + f_2(x_{2i}) + \cdots + f_k(x_{ki}) + \varepsilon_i$$

若偏回归函数 f_j 是简单而单调的，那我们就能通过应用凸出法则来找到能使 y 和预测变量 x_j 关系线性化的变换。在另一种情况下，若 f_j 为 x_j 的简单多项式形式，比如二次或三次多项式，那么我们就可以指定一个包含预测变量多项式形式的参数模型。

由于预测变量之间的相关性，在多元回归中寻找非线性关系要比在简单回归中更困难。因此，虽然 y 关于 x_j 散点图能够提供关于两个变量之间边际关系的信息，但它并不必然能告诉我们在控制其他 xs 不变的情况下 y 与 x_j 之间的偏关系 f_j。

在大多数场合下（见 Cook，1998：第 14 章；Cook & Weisberg，1994：第 9 章；Fox，1997：第 12.3.2 节），偏残差图（也被称做成分＋残差图，component＋residual plots）能够帮助检测多元回归中的非线性。让我们拟合一个初步的线性最小二乘回归：

$$y_i = a + b_1 x_{1i} + b_2 x_{2i} + \cdots + b_k x_{ki} + e_i$$

此时为了得到 x_j 的偏残差，我们向关于 y 与 x_j 之间关系的线性成分中加入最小二乘法残差：

$$e_{i(j)} = e_i + b_j x_{ji}$$

这里关键的想法是 y 与 x_j 之间未进入模型的非线性关系应能体现在最小二乘法的残差中，从而通过描绘并平滑 $e_{(j)}$ 与 x_j 的关系能够揭示 y 与 x_j 之间的偏相关关系。我们将平滑后的偏残差图看做对偏回归函数的估计值 $\hat{f}_j$。我们对每一个预测变量 $j = 1, 2, \cdots, k$ 重复这一过程。

基于加拿大职业声望数据职业声望对收入和教育回归的偏残差图如图 7.3 所示。每一幅图中的实线给出了局部线性拟合；虚线给出了最小二乘法拟合结果并描绘了从相应预测变量方向上侧面看过去的多元最小二乘回归平面。

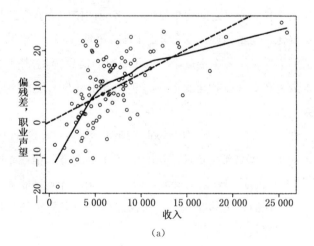

(a)

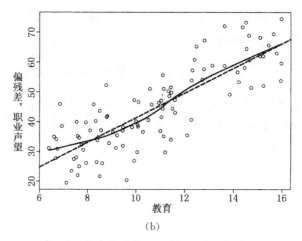

（b）

图 7.3 关于职业声望对（a）收入（b）教育回归的偏残差图。每一幅图中绘出使用跨距 ＝ 0.6 的局部线性拟合，以及线性最小二乘线。

- 从图 7.3(a)中可以明显地看到控制教育后声望和收入的关系明显是非线性的。虽然非参数回归曲线并不完全平滑，凸起部分指向上方和左方，提示我们要沿幂阶和根式阶向下变换收入变量。视觉试错法表明对收入的对数变换能够将声望与收入的关系拉直。除非所有的偏残差图都呈现相似的模式，我们在多元回归中更喜欢变换预测变量而不是响应变量，这是由于对 y 的变换将会改变它与所有 x 之间的关系。

- 图 7.3(b)暗示声望与教育之间的偏关系是非线性、单调、非简单的。其结果是，对教育的幂变换并不可取。我们可以尝试对教育使用立方回归（即，在回归模型中引入包括教育、教育的平方和教育的立方），但由于偏离线性较小，另一个可行方案是直接将教育的影响当做线性的。

　　对职业声望关于教育和收入对数（以 2 为底数）进行回归可得到如下结果：

$$\widehat{\text{声望}} = -95.2 + 7.93 \times \log_2 \text{收入} + 4.00 \times \text{教育}$$

因此，保持教育不变，收入翻倍（即增加 1 单位的 $\log_2$ 收入）平均起来能够使职业声望增加大约 8 点；保持收入不变而增加 1 年教育则平均能使声望增加 4 点。

第 3 节 | 结　语

　　非参数多元回归（见 Fox，刊印中）能在许多应用中取代为人熟知的线性多元最小二乘法回归。非参数广义回归（亦见 Fox，刊印中）将这些方法扩展到二分数据、计数数据等。使用多元非参数回归的代价是它会明显增加计算的负担并带来解读上的困难，而潜在的收获则是更好地还原数据。

　　对比而言，非参数简单回归——即本书的主题——最好被理解为一种对其他统计方法的补充（正如我们在对偏残差图和在回归中选择线性化变换中应用的阐释一样）以及一种对非参数多元回归的前导。然而，数据分析中无处不在的散点图和可广泛选择的散点图平滑软件已使得非参数简单回归具备了较广泛的潜在应用空间。

注释

[1] 劳动力参与和对数估计工资之间的曲线关系可能是一种建立在估计工资率上的虚构：对于没有在工作的女性，估计工资被用来作为她们的实际报酬。对工作女性，这部分数据的回归方程拟合被用来预测没有在家庭之外工作的女性的工资率。由于这些预测没有残差成分，它们相比实际工资更缺乏变异性，很少出现极端值，从而导致了劳动率参与和工资率之间的曲线关系。伯恩特（Berndt, 1991）和朗（Long, 1997）使用线性 logistic 回归加入了额外的变量，但存在相同的问题。

[2] 这里对 x 值的排序并非必需，但它使拟合值易于被连接成估计回归曲线。

[3] 例如，有可能我们能幸运地得到 $\bar{\mu} = \mu \mid x_0$，但这并非常见情形。

[4] 在这里我较宽泛地使用"偏误"一词，因为所考察的是在特定样本而非平均后的全部样本中的每一个估计量的表现，然而这一观点却是有效的。

[5] 这些公式来自鲍曼和阿扎利尼（Bowman & Azzalini, 1997：72—73）。其中两个常数项为：

$$s_K^2 = \int z^2 K(z) \mathrm{d}z$$

$$a_K^2 = \int [K(z)]^2 \mathrm{d}z$$

[6] 用于在 $x = x_0$ 处计算估计值的期望有效样本量正比于 $nhp(x_0)$，后者为这一方差的分母。

[7] 或者，比起在 x 观测值上求均值，我们可以将其整合到 x 的概率密度形式中，从而得到平均综合误差平方（Mean Integrated Square Error, MISE）：

$$\mathrm{MISE}(s) = \int \{E[\hat{y} \mid x(s) - \mu \mid x]\} p(x) \mathrm{d}x$$

我们可以把 MASE 看做 MISE 的离散形式。

[8] 该公式从西蒙诺夫（Simonoff, 1996：第 5.5.2 节）更一般的结果中得出。

[9] 相比局部线性拟合，局部二次回归对这些数据给出了更平滑的结果。虽然局部三次的渐进估计量比局部二次估计量更有优势（如在第 4 章第 2 节中所阐释的），这一优势并不一定能在小样本中实现，同时这里用到的软件（S-plus 中的 loess 功能）也仅提供了线性和二次拟合功能。

[10] 我使用 S-plus 软件包中的广义可加模型（Hastie, 1992；Hastie & Tibshirani, 1990）来进行这些计算。

[11] 在本例中,Bootstrap 方法的适用性值得质疑,因为这里的 102 个职业并非从一个可进行统计推断的更大的职业分组中抽取得到的随机样本。然而估计值的变异性依然值得关注,因为它能够让我们评估在多大程度上观测到的模式可能仅仅是出于偶然。此外,这一问题不仅限于 Bootstrap,也同样适用于统计推断的传统方法。

[12] 等价地,我们可以使用方程 5.3 中的 F 统计量。

[13] 我们需要多少个随机排列?这里令 p 代表排列检验中的 p 值(见方程 5.6)并令 $\hat{p}$ 代表基于 m 个随机选择的排列的 p 的估计值。由于 $\hat{p}$ 与样本成比例,它的标准误为:

$$SE(\hat{p}) = \sqrt{\frac{p(1-p)}{m}}$$

假设 $p = 0.05$ 且我们满足于 0.005 的标准误,那么我们就需要

$$m = \frac{p(1-p)}{[SE(\hat{p})]^2} = \frac{0.05(1-0.05)}{0.005^2} = 1\,900$$

个随机排列。由于当 p 接近 0 时 $\hat{p}$ 的分布既不是正态的也不是对称的,这里仅为近似计算。

[14] 回忆一下样条被限定于仅在内部节点处相连接,并且在内部节点的任意一侧要求具有相同的一阶和二阶导数。

[15] 事实上使用 0 阶幂没有任何意义,因为它会将 x 变成一个常数,即 $x^0 = 1$。在某种意义上对数转换与 0 阶幂的情况类似,当 p 非常接近于 0 时,$(x^p - 1)/p$ 会非常接近于 $\log x$(这里减去 1 再除以 p 的过程并不关键,因为它们仅对 x^p 进行线性变换)。

参考文献

BERNDT, E.R.(1991) *The Practice of Econometrics: Classic and Contemporary*. Reading, MA: Addison-Wesley.

BLISHEN, B.R., and McROBERTS, H.A.(1976) "A revised socioeconomic index for occupations in Canada". *Canadian Review of Sociology and Anthropology*, 13, 71—79.

BOWMAN, A.W., and AZZALINI, A.(1997) *Applied Smoothing Techniques for Data Analysis: The Kernel Approach with S-Plus Illustrations*. Oxford, UK: University Press.

CLEVELAND, W.S.(1979) "Robust locally weighted regression and smoothing scatterplots". *Journal of the American Statistical Association*, 74, 829—836.

CLEVELAND, W.S., GROSSE, E., and SHYU, W.M.(1992) "Local regression models". In J.M.Chambers and T.J-Hastie, (Eds.), *Statistical Models in S*, (pp. 309—376). Pacific Grove, CA: Wadsworth and Brooks/Cole.

COOK, R.D.(1998) *Regression Graphics: Ideas for Studying Regressions Through Graphics*. New York: Wiley.

COOK R.D., and WEISBERG, S.(1994) *An Introduction to Regression Graphics*. New York: Wiley.

EDGINGTON, E.S.(1987) *Randomization Tests (2nd ed.)*. New York: Dekker.

EFRON, B., and TIBSHIRANI, R.J.(1993) *An Introduction to the Bootstrap*. New York: Chapman and Hall.

FISHER, R.A.(1935) *Design of Experiments*. Edinburgh: Oliver and Boyd.

FOX, J.(1991) *Regression Diagnostics* (Sage University Paper series on Quantitative Applications in the Social Sciences, series no.07-79). Newbury Park, CA: Sage.

FOX, J.(1997) *Applied Regression Analysis, Linear Models, and Related Methods*. Thousand Oaks, CA: Sage.

FOX, J.(in press). *Generalized and Multiple Nonparametric Regression*. Thousand Oaks, CA: Sage.

GREEN, P.J., and SILVERMAN, B.W.(1994) *Nonparametric Regression and Generalized Linear Models: A Roughness Penalty Approach*. London: Chapman and Hall.

HASTIE, T.J.(1992) "Generalized additive models". In J.M.Chambers and T.J. Hastie (Eds.), *Statistical Models in S* (pp. 249—307). Pacific Grove, CA: Wadsworth and Brooks/Cole.

HASTIE, T.J., and TIBSHIRANI, R.J.(1990) *Generalized Additive Models*. London: Chapman and Hall.

JACOBY, W.G.(1997) *Statistical Graphics for Univariate and Bivariate Data* (Sage University Paper series on Quantitative Applications in the Social Sciences, series no.07-117). Thousand Oaks, CA: Sage.

LEINHARDT, S., and WASSERMAN, S.S.(1978) "Exploratory data analysis: An introduction to selected methods". In K.F.Schuessler(Ed.), *Sociological Methodology 1979* (pp.311—365). San Francisco: Jossey-Bass.

LONG, J.S.(1997) *Regression Models for Categorical and Limited Dependent Variables*. Thousand Oaks, CA: Sage.

MCCULLAGH, P., and NELDER, J.A.(1989) *Generalized Linear Models* (*2nd ed.*). London: Chapman and Hall.

MOONEY, C.Z., and DUVAL, R.D.(1993) *Bootstrapping: A Nonparametric Approach to Statistical Inference* (Sage University Paper series on Quantitative Applications in the Social Sciences, series no. 07-95). Newbury Park, CA: Sage.

MOSTELLER, E and TUKEY, J.W.(1977) *Data Analysis and Regression*. Reading, MA: Addison-Wesley.

MROZ, T. A. (1987) "The sensitivity of an emprical model of married women's hours of work to economic and statistical assumptions". *Econometrica*, 55, 765—799.

OSTROM, Jr., C.W.(1990) *Time Series Analysis: Regression Techniques* (*2nd ed.*) (Sage University Paper series on Quantitative Applications in the Social Sciences, series no.07-9). Newbury Park, CA: Sage.

SIMONOFF, J. S. (1996) *Smoothing Methods in Statistics*. New York: Springer-Verlag.

STINE, R.(1990) "An introduction to bootstrap methods: Examples and ideas". In J. Fox and J. S. Long (Eds.), *Modern Methods of Data Analysis* (pp.325—373). Newbury Park, CA: Sage.

TUKEY, J.W.(1977) *Exploratory Data Analysis*. Reading, MA: Addison-

Wesley.

United Nations(1998) Social indicators. Available at http://www.un.org/Depts/unsd/social/main.htm.

VENABLES, W N., and RIPLEY, B.D.(1997) *Modern Applied Statistics with S-PLUS(2nd ed)*. New York: Springer-Verlag.

译名对照表

additive regression	可加回归
asymptotic variance	渐进方差
autocorrelation	自相关
backfitting	修和
bandwidth	带宽
bin	箱
binning	装箱法
boundary bias	边界偏误
bulging rule	凸出法则
confidence band	置信带
confidence envelope	置信包迹
cross-validation	交叉检验
equivalent kernel weight	等价核权数
first-order autoregressive process	一阶自回归过程
focal value	焦点值
Gaussian kernel	高斯核
hat matrix	帽子矩阵
heavy-tailed distribution	重尾分布
idempotent	幂等
interpolate	插补
kernel estimate	核估计值
kernel estimation	核估计
kernel function	核函数
kernel weight	核权重
knot	节点
local averaging	局部平均化
local linear nonparametric regression	局部线性非参数回归
local polynomial regression	局部多项式回归
local polynomial smoother	局部多项式平滑法
Mean-Squared Error(MSE)	均方误差
natural cubic spline	自然三次方样条

nearest neighbor	最近邻
negatively skewed	左偏
nonrobust local-linear regression	非稳健局部线性回归
normal kernel	正态核
orthogonal complement	正交补
oversmoothing	平滑过度
partial regression function	局部回归函数
partial residual	偏残差
penalized sum of squares	惩罚平方和
percentile confidence interval	百分位置信区间
permutation test	排列检验
plug-in estimate	插入估计
pointwise	逐点
positively skewed	右偏
quadratic form	二次型
quantile-comparison plot	分位数比较图
randomization test	随机化检验
robustness iteration	稳健性迭代
roughness penalty	粗糙性惩罚
scatterplot smoothing	散点图平滑
smoothing spline	平滑样条
span	跨距
symmetric neighborhood	对称邻域
trial and error	试错法
tricube kernel	三次方核
variability band	变异带
window	窗体

图书在版编目(CIP)数据

非参数回归:平滑散点图/(加)福克斯(Fox, J.)
著;王骁译.—上海:格致出版社:上海人民出版社,
2015
(格致方法·定量研究系列/吴晓刚主编)
ISBN 978 - 7 - 5432 - 2489 - 6

Ⅰ.①非… Ⅱ.①福… ②王… Ⅲ.①回归分析
Ⅳ.①O212.1

中国版本图书馆 CIP 数据核字(2015)第 038188 号

责任编辑 高 璇
美术编辑 路 静

格致方法·定量研究系列

非参数回归:平滑散点图

[加]约翰·福克斯 著
王骁 译 洪岩璧 校

出 版	世纪出版股份有限公司 格致出版社	印 刷	浙江临安曙光印务有限公司
	世纪出版集团 上海人民出版社	开 本	920×1168 1/32
	(200001 上海福建中路 193 号 www.ewen.co)	印 张	4.25
	编辑部热线 021-63914988	字 数	83,000
	市场部热线 021-63914081	版 次	2015 年 4 月第 1 版
	www.hibooks.cn	印 次	2015 年 4 月第 1 次印刷
发 行	上海世纪出版股份有限公司发行中心		

ISBN 978 - 7 - 5432 - 2489 - 6/C · 128　　　　　　　定价:22.00 元

本书版权归 SAGE Publications 所有。由 SAGE Publications 授权翻译出版。

上海市版权局著作权合同登记号:图字 09-2013-596